Heinz Ortner

MACHT MENSCH

Spielregeln für den Weg an die Spitze

GOLDEGG
VERLAG

Der Goldegg Verlag achtet bei seinen Büchern und Magazinen auf nachhaltiges Produzieren. Goldegg Bücher sind umweltfreundlich produziert und orientieren sich in Materialien, Herstellungsorten, Arbeitsbedingungen und Produktionsformen an den Bedürfnissen von Gesellschaft und Umwelt.

ISBN Print: 978-3-99060-024-5
ISBN E-Book: 978-3-99060-025-2

© 2017 Goldegg Verlag GmbH
Friedrichstraße 191 • D-10117 Berlin
Telefon: +49 800 505 43 76-0

Goldegg Verlag GmbH, Österreich
Mommsengasse 4/2 • A-1040 Wien
Telefon: +43 1 505 43 76-0

E-Mail: office@goldegg-verlag.com
www.goldegg-verlag.com

Layout, Satz und Herstellung: Goldegg Verlag GmbH, Wien
Druck und Bindung: EuroPb, CZ

Für Margit, Stefan und Thomas

Inhaltsverzeichnis

7

Wer möchte schon
»Machtmensch« sein?

Egal mit wem ich spreche, wie lange ich im Google zum Begriff *Machtmensch* Seite für Seite durchklicke oder welche Synonyme ich finde: Herrscher, Diktator, Tyrann, Despot oder Unterdrücker sind allesamt keine schmeichelhaften Attribute. Das Wort ist negativ besetzt und bleibt es auch bei tiefgehender Recherche. Wir denken an Vladimir Putin, an Donald Trump oder an Recep Erdoğan. Macht um der Macht willen, selbst oben stehen und andere unten kleinhalten. In der Politik haben solche Leute ausschließlich die nächste Wahl im Kopf, in der Wirtschaft geht es um ein hohes Einkommen und den Termin für die nächste Bonuszahlung. Die Mittel sind skrupellos und vielseitig, der Ellbogen ersetzt Fingerspitzengefühl und Instinkt den Verstand.

Vor Kurzem ist Deutschlands Altkanzler Helmut Kohl gestorben. In den Nachrufen auf den »Vater der Deutschen Einheit« kommt oft das Wort *Machtmensch* vor. Nach außen gutmütig, ein Gedächtnis wie ein Elefant und zupacken, wenn sich eine Chance bietet. Doch auch die dunkle Seite wird ausgeleuchtet: Parteispenden aus unklaren Kanälen etwa, nichts wurde zugegeben, niemand verraten, schließlich hatte man sein »Ehrenwort« gegeben. Die Familie ist zerrüttet, mit den Söhnen hat er schon seit 2011 nicht mehr geredet. Die Bitterkeit gegenüber ehemaligen Wegbegleitern wirkt sich sogar auf die Begräbnisfeierlichkeiten aus. Die Verdienste von Helmut Kohl um Deutschland und Europa werden den Tod und das Negative im Blick zurück überdauern. Doch wer kann heute glaubwürdiger Verantwortungsträger in Politik und Wirtschaft sein? Und vor allem: wie?

Wenn Sie in Zeiten von Shitstorms eine Machtposition einnehmen wollen, sich in die erste Reihe stellen und Einfluss auf Politik und Wirtschaft nehmen möchten, scheinen

Sie vor allem ein dickes Fell haben zu müssen. Schnell sind Sie Freiwild für die Medien, für Stammtischrunden und deren Fortsetzung in den sozialen Netzwerken.

Dieses Buch ist für Menschen in Führungspositionen gedacht und für solche, die dort hin wollen, und darum soll es gehen: Glaubwürdigkeit, Gestaltungswillen, Entscheidungskraft – moderne *Spielregeln für den Weg an die Spitze*. Die Lust an der Verantwortung und die Freude am Führen sind Eigenschaften, die wir heute viel zu selten antreffen. Ich will mit diesem Buch dazu ermutigen, jedenfalls Ihr Interesse am Thema wecken. Ich möchte Ihnen mit über 20 Jahren Erfahrung in und mit der Politik zeigen: Macht kann positiv sein, wenn wir sie dazu nützen, unsere Gesellschaft zu gestalten.

Und das ist eine völlig andere Art des Gestaltens als jene Konsummentalität, die sich weitgehend durchgesetzt hat: Wir beobachten passiv das Geschehen und urteilen, wie andere handeln oder entscheiden. Frei nach Facebook: »Gefällt mir« oder: »Gefällt mir nicht!«

Vor allem das Führen in »Sandwich«-Positionen ist für viele unattraktiv geworden: Kennen Sie das? Sie müssen auf der mittleren Führungsebene einerseits Entscheidungen treffen, von denen Menschen betroffen sind, und Dinge durchsetzen, die von Ihren Vorgesetzten vorgegeben werden. Andererseits sollen Sie die Interessen der eigenen Einheit und der dort arbeitenden Menschen »nach oben« vertreten und müssen am Ende erst wieder Kompromisse eingehen. Die meisten von uns werden schließlich nicht gleich Bundeskanzlerin oder Minister. Sie werden auch nicht CEO oder Vorstandschef oder -chefin eines großen Unternehmens. Die meisten Verantwortungsträger arbeiten auf den unteren Führungsebenen.

Gerade die Führungsarbeit auf dieser Ebene können wir nicht hoch genug schätzen. Ich finde es uneingeschränkt positiv, wenn sich Menschen für diese schwierige Aufgabe zur

Verfügung stellen und Verantwortung übernehmen. Es ist gut, Macht auszuüben, auch Sie können das! Mir geht es um mehr, als Sie zu Führungstätigkeiten zu ermutigen. Ich will Ihnen mit diesem Buch zeigen, dass bei all der Macht in einer Schlüsselposition ein Mensch auch Mensch bleiben soll – und dass ein Mensch tatsächlich Mensch bleiben kann. Macht haben und Mensch bleiben – das geht. Auch wenn es vielen nicht leichtfällt, diesem Gedanken von mir zu folgen.

Als ich dieses Buch plante, war ich von der Kombination Macht und Mensch so begeistert, dass ich in meinem Freundes- und Bekanntenkreis damit nicht hinter dem Berg gehalten habe. Und dann war ich doch erstaunt: Viele konnten meine Begeisterung nicht teilen. Sie sehen bis heute einen Widerspruch und meinen, dass Macht böse und Menschsein gut ist und dass diese beiden Dimensionen nicht zusammengehören. Macht funktioniert etwa nie, ohne korrupt zu werden. Eitle, ichbezogene Narzissten drängen in Schlüsselpositionen von Politik und Wirtschaft, für anständige Menschen bleibt da nur wenig Platz. Der Widerspruch wird unabhängig von den Fakten empfunden und schränkt den Gestaltungswillen von Menschen ein. Gerade von den Menschen, die im besten Sinne gestalten könnten, wenn sie »Macht« und »Mensch bleiben« positiver für sich deuten würden.

Macht macht was

Macht macht immer etwas mit uns und verändert Menschen. Alles andere wäre unrealistisch. Manche streben zwar Macht über andere deshalb an, um sich selbst besser zu fühlen. Allerdings habe ich auch andere Menschen kennengelernt, die etwas bewegen wollen, die noch nach Jahren idealistisch, begeisterungsfähig und positiv geblieben sind. Macht verändert jene, die sie haben – im Schlechten und im

Guten. Die Gefahr abzuheben und aus Eitelkeit andere vor den Kopf zu stoßen besteht wohl. Doch wir entwickeln uns als Verantwortungsträger auch weiter und kommen durch mehr Macht und neue Aufgaben in Hochform. Selbst für Menschen in Machtpositionen an der Spitze von Politik und Wirtschaft ist es wichtig und möglich, dass sie sich durch die anfangs ungewohnte Rolle nicht bis zur Unkenntlichkeit für Freunde, Familie und bisherige Wegbegleiter verändern. Auf dem Weg zur Macht, zur Gestaltung, zum Mitspielen mit nachhaltigen Ergebnissen können Sie Mensch bleiben, indem Sie Ihre Wurzeln nicht vergessen und indem Sie sich nicht derart an eine Funktion oder Position anpassen und anbiedern, dass nichts Eigenständiges, Originales übrigbleibt. Das geht, und ich zeige Ihnen in diesem Buch, wie das gehen kann.

Wenn ich von »Mensch bleiben« spreche, meine ich auch die Haltung zu den Macht-Unterworfenen. Ein Verantwortungsträger, der sprichwörtlich über Leichen geht, der mit autistischen Zügen agiert oder – wieder anders – jeden Tag darüber klagt, wie unglücklich er mit seiner Führungsaufgabe ist: All jenen wird es nicht gelingen, loyale und engagierte Mitstreiterinnen und Mitstreiter zu finden. Vor allem der jammernde Führungstypus erinnert mich an einen Verkäufer, dem sein eigenes Produkt zuwider ist, oder an einen Oberkellner, der im Restaurant niemals etwas aus der eigenen Küche essen würde. Solche Führungskräfte verstehen nicht, warum es in ihrem Unternehmen zu Fluktuation kommt, warum Mitarbeiterinnen innerlich kündigen oder Vorgaben nicht umsetzen.

Auf die Frage, ob nun »Macht ausüben« und »Mensch bleiben« zusammenpassen oder nicht, lautet meine Antwort: Beides gehört eng zusammen und deshalb steht in diesem Buch ein neuer Typ »*Machtmensch*« im Mittelpunkt. Das gilt für die Spitze eines Unternehmens, Ihre Managementposition, vielleicht auch nur mit einem einzigen Ihnen unterstellten Mitarbeiter – denn da fängt Macht an – oder in einer Führungsposition in der Politik. Wenn Sie langfristig glaubwürdig sein wollen, brauchen Sie jenes Maß an Akzeptanz, das zu einem Erfolg im ganzheitlichen Sinn führt. Bei all dem möchte ich nicht den Eindruck erwecken, dass ich mit »Mensch bleiben« naiven, falschen oder romantischen Vorstellungen anhänge. Ich meine damit etwa nicht, dass man sich einen Verantwortungsträger als Nachbar in einem Reihenhaus wünschen müsste. Auch mit einer Bundeskanzlerin will man nicht unbedingt auf engstem Raum Urlaub verbringen. Ich halte es zwar für fein, wenn Leute in Spitzenpositionen auch im privaten und persönlichen Umgang angenehme Menschen sind. Mit dem von mir formulierten »Mensch bleiben« hat das aber erst einmal nichts zu tun.

Ein Typ sein, ein Original

Viele Gespräche habe ich genau zu dieser Frage schon vor zwanzig Jahren mit Björn Engholm geführt, dem ehemaligen Ministerpräsidenten aus Schleswig-Holstein. Wir haben uns damals über verschiedene Politiker ausgetauscht, die gerade in Spitzenpositionen tätig waren. Björn Engholm hat hier sehr deutlich unterschieden, ob jemand ein »Typ« ist, ein »Original«, oder nicht. Ein Original lebt mit Widersprüchen, hat gegensätzliche Eigenschaften und der Lebensweg weist Brüche auf, die in den meisten Fällen alles andere als harmonisch verlaufen sind. Diese Frage hat uns umgetrieben, denn die Idee, ein Original zu sein und zu bleiben, ist von hohem Wert. Andere einzuschätzen, ist eine gute Übung, um sich selbst immer wieder zu prüfen. Auch ich will ein Original sein, und ich habe in 20 Jahren Politikberatung als Führungskraft, Coach und Medientrainer viele Erfahrungen mit mir selbst, mit den mir Anvertrauten und mit Politikern gemacht. Sie haben mir geholfen, die Prinzipien für meine Arbeit und für dieses Buch zu entwickeln.

Darüber hinaus habe ich Gespräche mit Persönlichkeiten geführt, die an der Spitze von Politik, Wirtschaft und Medien standen oder diese Funktionen bis heute ausüben. Diese Gespräche sind in diesem Buch ebenfalls in Ausschnitten dargestellt und kommentiert. Wenig stromlinienförmig und mit vielseitigen Lebensläufen konfrontieren sie uns mit neuen Blickwinkeln auf Erfolg und Glaubwürdigkeit in Schlüsselpositionen. Manche haben Fehlentscheidungen getroffen, mussten unfreiwillig zurücktreten oder standen mit Skandalen in Verbindung. Andere gelten bis heute als Vorbilder. Ich werde in diesem Buch niemanden schonen und Fehlentwicklungen beim Namen nennen. Allerdings geht es mir nicht um eine Anklageschrift gegen das Versagen in Politik und Wirtschaft oder darum, Leute in Führungspositionen durch den Kakao zu ziehen.

Ich freue mich viel mehr darauf, Sie zu einer intensiven Diskussion darüber anzuregen, wie Erfolg in der ersten Reihe gelingen kann. Ich möchte Sie auffordern und ermutigen, ein Stück mehr Verantwortung zu übernehmen und Ihren Beitrag dazu zu leisten, dass in möglichst vielen Lebensbereichen manche Dinge besser werden, als sie heute sind.

Sie möchten sich in Politik und Wirtschaft engagieren, wünschen sich für die Schlüsselpositionen unserer Gesellschaft echte Vorbilder – und möchten selbst zu einem solchen werden? Sie beraten, coachen oder begleiten Verantwortungsträger? Dieses Buch soll Ihnen Anregungen und neue Sichtweisen liefern, wie Sie an die Spitze kommen, um dort gleichzeitig erfolgreich und glaubwürdig zu sein.

Liebe Leserin, lieber Leser: Gerade in Spitzenpositionen von Wirtschaft und Politik sind Erfolg und Niederlage, Antritt und Rücktritt, Applaus und Buhrufe jeweils nur zwei unterschiedliche Seiten derselben Medaille, beide gehören zum Menschsein dazu.

Ich wünsche Ihnen, dass Sie beim Lesen Lust und Interesse bekommen, sich dieser Herausforderung zu stellen und sie als Teil Ihrer beruflichen und persönlichen Entwicklung anzunehmen.

Lassen Sie sich darauf ein. Als Machtausüber und als Mensch. Ich wünsche Ihnen viel Erfolg auf Ihrem Weg an die Spitze!

Ihr

Dr. *Heinz Ortner*
Klagenfurt, im Juni 2017

KAPITEL 1

Sie wissen nicht, was sie tun – wie die Eliten in Politik und Wirtschaft versagen

1. It's Trump

Noch halb verschlafen werfe ich einen Blick auf mein Smartphone. Die ersten Nachrichten der vergangenen Nacht sind eingetroffen. »Trump gewinnt Florida, Texas, Ohio, Iowa und Pennsylvania.« Warum zählen die Erfolge Trumps auf, wenn ohnehin Hillary Clinton die neue Präsidentin der Vereinigten Staaten wird? Erst im Untertitel lese ich: »Für Clinton wird es schwer, die Präsidentschaftswahl noch zu gewinnen.«

9. November 2016, sechs Uhr früh mitteleuropäischer Zeit. Das Unvorstellbare ist wahr geworden: Donald Trump wird 45. Präsident der USA. Frauenfeindlich, rassistisch, kein einziges Ressentiment gegen irgendeine Bevölkerungsgruppe auslassend und mit primitiven Sprüchen, trotzdem hat er es geschafft: »It's Trump« lautet die Schlagzeile. Seither ist viel analysiert und kommentiert worden. Viele haben es schon vorher gewusst. Man hätte doch nur ins Volk hi-

neinhören brauchen, das war doch klar. Und überhaupt, so schlecht wird es Trump schon nicht machen, er wird den richtigen Leuten auf die Zehen treten, er wird mit dem Establishment in Washington aufräumen und außerdem: Alles, was er im Wahlkampf angekündigt hat, meint er ohnehin nicht ernst. Man wird ja wohl noch Witze machen dürfen über Frauen, Einwanderer, Muslime, über Journalisten und vor allem über Journalistinnen ...

Genau an diesem Tag arbeite ich am ersten Kapitel dieses Buches. Bin ich auch einer von denen, die das vorher schon gewusst haben? Oder bin ich nur ratlos, obwohl ich mich seit zwanzig Jahren mit Politik und politischer Kommunikation beschäftige?

Manche Menschen beziehen jetzt schon klar Stellung. Sie halten Trump für eine Gefahr für die Demokratie, den bisherigen Wohlstand und für jeden Anstand. Viele Wählerinnen können gar nicht gewusst haben, wie sehr sie mit ihrer Stimme für Donald Trump ihren eigenen Anliegen zuwiderhandeln. Einmal an der Macht wird sich der neu gewählte Präsident den Teufel darum kümmern, was den »kleinen Leuten« wirklich guttut – abgesehen von »Brot- und Spielen« und ein paar symbolischen Gags. Das Muster kennen wir von vielen populistischen Strömungen rechts und links der Mitte.

Seine Majestät der Wähler: »The people have spoken«

Damit das Glück perfekt ist, erscheinen auch noch einige Leitartikel. Kritik am Wahlergebnis wird darin scharf kritisiert, entspringt sie doch der gleichen Abgehobenheit und demselben Unverständnis für die Sorgen der bildungsfernen Schichten, die dem Populisten erst zum Erfolg verholfen haben. Jetzt müssen die Kritiker den Sieg zur Kenntnis nehmen, seine Majestät der Wähler hat gesprochen und schließlich sind wir alle Demokraten. Die Welt und das Wahlvolk bestehen auch in Europa nicht nur aus gebildeten Frauen und Männern des Establishments. Diese mediale Kritik an den abgehobenen Eliten ist aber selbst abgehoben. Als ob die Schreibenden es vorher schon gewusst hätten, als ob ihre aufgeregte Berichterstattung nicht eine Bühne für den Populisten geschaffen hätte. Die spitzen Federn besorgen durch ihre moralisierende Richtung erneut das Geschäft des Siegers, indem sie ihren Fokus ausschließlich auf die eine Hälfte des Wahlvolkes richten, die ihn gewählt hat. Deren Sorgen sind die einzigen, die ernst genommen werden müssen. Aktuelle und künftige Verführer werden das mit Schmunzeln und Häme zur Kenntnis nehmen. Schließlich wissen sie schon lange, dass sie die »Lügenpresse« außen vorlassen können. Das »gesunde Volksempfinden« setzt sich durch.

2. Diagnose Vertrauenskrise

Unabhängig davon, wem ich die Deutungshoheit über dieses Wahlergebnis zugestehe, sollten wir uns über ein paar Fakten einig sein: Die Wahl von Donald Trump und sein Agieren seit der Angelobung sind nur der vorläufige Höhepunkt einer Entwicklung, die seit Jahren im Gang ist und die weit über das in Demokratien übliche und gewünschte Wechselspiel zwischen Regierung und Opposition, zwischen charismatischen Persönlichkeiten und Pragmatikern hinausgeht.

Wir leben in einer tiefen Vertrauenskrise. Es gibt eine Kluft in unserer westlichen Gesellschaft, einen Spalt zwischen »denen da oben« und »denen da unten«. Die Menschen haben kein Vertrauen mehr, dass die derzeitigen Machthaber wissen, was sie tun, dass sie einen Plan haben, wo die Reise hingeht. Vielleicht wissen sie sogar, dass wir auf den Abgrund zusteuern, aber dann sind ihnen die Auswirkungen ihres Handelns gleichgültig. Anscheinend ist es wie eine Entscheidung zwischen Pest und Cholera: Entweder sie wissen es nicht besser oder es ist ihnen egal. Dieser Riss und dieses Misstrauen sind für mich nicht neu. Das ist kein Problem, das sich auf die Verunsicherung durch Terror und Flüchtlingsbewegung reduzieren lässt. Das ist nicht nur ein Problem von Hillary Clinton, der EU-Kommission oder der Bundeskanzlerin Angela Merkel. Das geht schon länger und sitzt tiefer. Schon früh konnten wir diese Skepsis gegen das Establishment spüren, als Barack Obama 2008 bei seiner ersten Wahl zum Präsidenten alle bis dahin geltenden Regeln außer Kraft gesetzt hat und in einer fulminanten Wahlbewegung mit neuen Kommunikations- und Interaktionsformen nicht nur die Kandidatur, sondern auch das Amt des US-Präsidenten erobert hat. Er hat eine bessere Welt versprochen, aber dieses Versprechen nicht einhalten können.

Ein weiteres Mosaik war die Griechenlandkrise: Milliarden an Steuergeld wurden in Banken gesteckt, den Menschen in Griechenland ging es zunehmend schlechter und die Bürgerinnen und Bürger in den »Geber-Ländern« wurden immer ungeduldiger. Später ging es ohne Pause weiter: Terror des IS, Bürgerkriege nach dem hoffnungsvollen arabischen Frühling und ein mächtiger Flüchtlingsstrom nach Mittel- und Nordeuropa. Die nächste Zäsur war die Entscheidung der Briten, der EU den Rücken zu kehren und sich für einen »Brexit« auszusprechen.

Politikerinnen und Politiker kommen seit Jahren nicht glaubwürdig rüber. Sie beschäftigen sich mit ihrem Machterhalt und bieten kaum Lösungen. Die vielen einschneidenden Ereignisse der letzten Jahre und der scheinbar dilettantische Umgang der Regierenden damit haben zusätzlich verunsichert und das Vertrauen in die Eliten zerstört. Im Einzelfall gibt es dafür sogar konkrete Gründe, warum das so passiert ist. Selbst schuld, wenn Hillary Clinton zu abgehoben war, wenn die EU ihre Hausaufgaben nicht macht oder die Bundeskanzlerin Angela Merkel bei Griechenland zu viel und gegenüber Millionen Flüchtlingen zu wenig Härte zeigt.

Kein exklusives Problem der Politik

Diese Vertrauenskrise ist – leider – kein ausschließliches Problem der Politik. Sie zieht weite Kreise. Wer glaubt denn heute noch, dass die Kirchen in unserer Zeit Halt und Orientierung geben? Wer ist sich sicher, dass unsere Kinder von ihren Lehrerinnen und Lehrern gut auf ihr späteres Leben vorbereitet werden? Wer ist der Meinung, dass Google, Apple, Facebook & Co im Vergleich zu mittelständischen deutschen Unternehmen einen fairen Beitrag zum Steueraufkommen leisten? Oder wer meint gar, dass diese Konzerne mit unseren persönlichen Daten behutsam umgehen?

Da ist viel Porzellan zerschlagen worden, manchmal für immer. Die Alternativen zu abgewählten Regierungen, zu Kirchen, Schulen und Unternehmen sind wenig berauschend. Mehr Sorgen als die derzeitigen Veränderungen machen mir die Konsequenzen dieser Entwicklung:

- Eine Demokratie, in der keiner mehr mitmachen will oder eine Demokratie, in der sich intelligente, engagierte und profilierte Persönlichkeiten keiner Wahl stellen wollen, weil sie sich dafür zu schade sind.
- Eine Wirtschaft, in der niemand Unternehmer wird, weil Menschen nicht mehr ihr eigenes Geld und ihre Reputation riskieren möchten. Viel bequemer ist es ohnehin, »normaler« Arbeitnehmer statt Führungskraft zu sein.
- Kirchen, Verbände und andere Institutionen, die kaum mehr Ehrenamtliche finden, die sich über ihre persön-

lichen und beruflichen Anliegen und Bedürfnisse hinaus in unserer Gesellschaft engagieren.

Wenn diese Szenarien Realität werden, wird es Zeit, dagegen anzukämpfen. Angehörige der Generation meiner Großeltern haben mir erzählt, dass sie sich seit der nationalsozialistischen Diktatur von politischen Parteien generell fernhalten würden. Die Parteien an sich waren nicht das Problem, sondern jene, die die Demokratie kaputtgemacht haben. Wenn sich Menschen von Führungsverantwortung abwenden, ist das gefährlich. Jene, die einspringen und die Lücke füllen, sind nicht die Persönlichkeiten, die wir uns als glaubwürdige Vorbilder in Schlüsselpositionen wünschen. Die heutige Vertrauenskrise würde durch weitere Enttäuschungen verschärft und der Spalt größer statt kleiner. Allzu viele weitere Trumps können wir uns nicht leisten.

3. Große Probleme verlangen nach Menschen, die sie lösen

Die Diagnose Vertrauenskrise ist klar, die einfachen Rezepte der Populisten sind ebenfalls bekannt. Diese werden kurzfristig funktionieren und helfen bei Wahlen. Aber sie lösen kein einziges Problem dieser Welt: Wo bleibt denn die Antwort auf Kriege und Krisen, auf die Überbevölkerung oder auf die Umweltzerstörung?

Das ist ohnehin nur eine kleine Auswahl, bei der mir von den großen Vereinfachern in der Politik kein einziger vernünftiger Vorschlag bekannt ist. Jetzt werden Sie fragen, welche Antwort denn der Verfasser dieser Zeilen anbietet. Ich habe keine, ich habe keine Ahnung, wie wir die wichtigen Fragen unserer Zeit beantworten können, erst recht biete ich keine raschen und einfachen Lösungen. Das kann dieses Buch nicht leisten und soll es auch nicht.

Worüber ich viel nachgedacht habe und nicht aufhören werde nachzudenken, ist, wie wir in unseren Demokratien die Vertrauenskrise überwinden und die großen Problembrocken wenigstens schrittweise angehen können.

Wir brauchen mehr Machtmenschen für die Zukunft und nicht weniger. Wir benötigen in dieser absurden und unübersichtlichen Stimmung Persönlichkeiten, die beherzt Verantwortung übernehmen und gestalten. Resignation, Rückzug ins Private und Abkehr der gebildeten Mittelschichten von allem, was nur im Entferntesten mit Macht zu tun hat, wäre fatal.

Wir müssen Leute finden, die sich weiterhin in der Politik engagieren und dort Schlüsselpositionen übernehmen. Wir brauchen Persönlichkeiten, die auch in Zukunft unternehmerisches Risiko tragen und andere Führungspositionen in den Unternehmen ausfüllen. Wir benötigen vor allem Menschen, die sich in der Zivilgesellschaft engagieren und eine aktive Rolle in Institutionen und Organisationen übernehmen.

Macht positiv definieren, ohne vornehme Zurückhaltung Einfluss auf die Zukunft zu nehmen und den Menschen Freude am Führen zu vermitteln, ist die einzige Chance, aus dem heutigen Dilemma herauszusteuern. Es reicht nicht, im geschützten Bereich und in sozialen Netzwerken die Inkompetenz und das haarsträubende Versagen mancher Verantwortungsträger zu kritisieren und darauf zu vertrauen, dass irgendwann bessere Zeiten anbrechen.

Menschen wollen Menschen sehen

Menschen interessieren sich nicht für Ideologien und abstrakte Vorschläge. Das ist nicht ungefährlich, schließlich hat

Personenkult in der Geschichte weder der Politik noch den Unternehmen gutgetan. Zurecht formuliert Stefan Wagner »Das Ende der Blender«. An der Spitze möchten wir heute trotzdem positive Machtmenschen sehen, die Einfluss nehmen und mit Leidenschaft an Lösungen arbeiten. Starke Persönlichkeiten mit Gestaltungswillen sind Vorbilder. Sie werden die Menschen mitnehmen, wenn sie für manches schwierige Problem eine nachvollziehbare Lösung erarbeiten. Das gilt für jede Funktion im demokratischen Staat, für Schlüsselpositionen in der Wirtschaft und in jeder anderen Organisation. Ulrich Dehner, Managementcoach aus Konstanz, findet dafür eine schöne Formulierung: »Gute Führung zahlt sich aus.« Das wünschen wir uns für Machtmenschen ebenso wie für jene, die sie begleiten. Brechen wir aus dem Gefängnis der Vertrauenskrise aus und suchen wir gemeinsam nach Antworten auf die Fragen unserer Zeit!

4. Spielregeln kennen

»Sie wissen nicht, was sie tun.« Die Eliten von heute haben keine Ahnung, wo die Entwicklung unserer Gesellschaft hingehen soll, jedenfalls in den Augen des Publikums. Oder es ist ihnen gleichgültig, wie umfassend sie auf vielen Ebenen versagen. Ein harter Befund, der leider von einer großen Mehrheit der Menschen geteilt wird. Eine Lösung in der Politik ist schwierig. Peter Ambrozy, ehemaliger Landeshauptmann von Kärnten und Präsident des Roten Kreuzes, bringt es auf den Punkt: »Von der Politik wünscht sich ständig jemand einen großen Wurf. Den gibt es in der Demokratie meistens nicht, außer vielleicht dann, wenn Parteien mit starken absoluten Mehrheiten regieren. Demokratie braucht Zeit, braucht Diskurs und verlangt nach Kompromissen.«

Kompromisse sind schwierig und meistens alles andere

als große Würfe. In fast allen europäischen Ländern regiert eine Koalition aus mehreren Parteien, die selten so effizient arbeitet, wie sich das die Wirtschaft oder das Volk wünschen. Länder mit Mehrheitswahlrecht wie Großbritannien, Frankreich oder die USA bieten da kein besseres Bild. Wohl funktioniert der Wechsel zwischen Regierung und Opposition konsequenter, doch auch dort bleiben die großen Würfe aus.

Ein neuer Typ Machtmensch ist gefragt, Persönlichkeiten, die nicht nur Führungspositionen einnehmen, sondern diese auch mit Gestaltungswillen ausfüllen. Wenn Sie Menschen mitnehmen wollen, brauchen Sie ein wichtiges Bindemittel – Kommunikation! Darüber wird in diesem Buch viel zu reden sein. Die empfundene Sprachlosigkeit der Eliten in Politik und Wirtschaft bringt die Menschen auf die Palme. Arthur Schopenhauer liefert als Abhilfe eine erste Idee: »Man gebrauche gewöhnliche Worte und sage ungewöhnliche Dinge.« Das ist ein wunderbarer und zeitloser Satz, den jede Führungskraft verinnerlichen sollte. Heute erleben wir oft das Gegenteil: Mit komplizierten Formulierungen werden Banalitäten ohne jeden Nutzen für die Zuhörerinnen und Zuhörer hinausposaunt, Politsprech und Managementsprech, den keiner mehr hören kann.

Verantwortung ist kein Spiel – Spielregeln gibt es trotzdem

Ein glaubwürdiger Verantwortungsträger zu sein, ist sicher kein Spiel. Trotzdem gibt es Spielregeln, die Machtmenschen der Zukunft wissen und beherrschen sollten, wenn sie erfolgreich und glaubwürdig sein wollen. Davon handelt dieses Buch.

Sie müssen gegen Konkurrenz aus den eigenen Reihen bestehen, das ist für viele ein Schock. Wenn Sie nicht nur Vorgesetzter, sondern auch Gestalter sein wollen, brauchen

Sie ein klares Ziel, schon deshalb, weil Sie an der Spitze mit ungewohnten und extremen Widersprüchen konfrontiert sind. Oft lernen Sie erst später, sich in verschiedenen Welten gleichzeitig zu bewegen. Wir werden über unterschiedliche Zugänge von Frauen und Männern zu Macht reden. Nur wenn Sie die Unterschiede akzeptieren, werden Sie diese nutzen können.

Nicht nur in der Politik sind Sie gefordert, das Scheinwerferlicht der Öffentlichkeit auszuhalten, Hollywood lässt grüßen! Ohne Kommunikation ist alles nichts. Sie müssen Entscheidungen treffen und diese kommunizieren. Kernelement ist dabei die Frage der Glaubwürdigkeit. Ein großes Wort, das Sie mit Leben füllen müssen, wenn Sie Ihre Aufgabe ernst nehmen.

Sich stets die Freiheit zu bewahren, für oder gegen etwas zu sein, Haltung und Rückgrat zu zeigen und konsequent Ihren eigenen Weg zu wählen, ist ein besonders wichtiger Erfolgsfaktor an der Spitze. Wenn Sie die Rahmenbedingungen kennen und mit den Spielregeln professionell umgehen, dann werden Sie selbstbewusst nach vorne gehen. Denn in der ersten Reihe sind noch Plätze frei!

5. Wo sind die Vorbilder?

Wo sind sie, die großen Vorbilder, an denen Verantwortungsträger von heute und Machtmenschen der Zukunft Maß nehmen können?

Sofort fallen uns »die üblichen Verdächtigen« ein: Martin Luther King, Nelson Mandela, Charles de Gaulle oder Helmut Schmidt. Dann gäbe es noch Henry Ford, Steve Jobs oder Robert Bosch.

Sie sehen, so kommen wir nicht weiter. Die Genannten haben eines gemeinsam: Sie sind Männer, schon tot und ihr

Wirken liegt so weit zurück, dass sich inzwischen vieles verklärt hat. Jetzt verstehe ich erst die Bemerkung des ehemaligen deutschen Bundeskanzlers Helmut Schmidt in seinem letzten Buch »Was ich noch sagen wollte«: Er meint, dass er 1966 mit 47 Jahren als Vorbilder spontan Thomas Jefferson, Papst Johannes XXIII. und John F. Kennedy angeführt hätte und auch aus der Sicht eines 95-Jährigen noch gute Argumente für die Vorbildwirkung dieser drei Persönlichkeiten sprechen würden. Im Alter würde er jedoch immer weniger davon halten, Vorbilder zu nennen. Die Suche nach einem Vorbild entspringe wohl dem Bedürfnis des Menschen nach Orientierung, um sich ein Stück weit selbst damit identifizieren zu können. Auf seine eigene Rolle als »vermeintliches öffentliches Vorbild für die Deutschen« will Schmidt nicht eingehen, um es dann doch zu tun. Das Klischee von einem »Vorzeigedeutschen« behagt ihm nicht. Vielleicht hätten die Zeitgenossen wohl irgendwann akzeptiert, dass er seine eigene Meinung habe und diese Meinung mit Nachdruck öffentlich vertrete.

Gelassenheit, Mut und Weisheit

Als ich zum ersten Mal diese Zeilen von Helmut Schmidt las, empfand ich sie als überheblich. Keine Vorbilder zu nennen signalisiert, dass man erhaben darüber ist, sich an anderen messen zu lassen. Versöhnt hat mich das letzte Zitat im Buch, ein bekanntes Gebet des amerikanischen Theologen Reinhold Niebuhr: »Gib mir die Gelassenheit, die Dinge zu ertragen, die ich nicht ändern kann; gib mir den Mut, die Dinge zu ändern, die ich ändern kann; gib mir die Weisheit, beides voneinander zu unterscheiden.«

Gelassenheit, Mut und ein Stück Weisheit könnten gute Zutaten sein, um eine Vorbildfunktion auszuüben. Jetzt muss ich noch Persönlichkeiten aus der Gegenwart finden, auf die das zutrifft. Aber ich werde keine Einzelperson als »Prototyp« eines Vorbildes herausheben, das halte ich für unseriös und wenig zweckmäßig. Wenn ich von *MachtMENSCH* spreche, kann es sich unserer Natur entsprechend stets nur um Personen mit Licht- und Schattenseiten handeln. Das trifft auf Persönlichkeiten der Geschichte ebenso zu wie auf noch lebende ehemalige und aktive Verantwortungsträger – mit dem großen Unterschied, dass wir bei den historischen Persönlichkeiten in unserem Urteil etwas großzügiger sind. Meine persönliche »Hitparade« erspare ich Ihnen daher aus gutem Grund. Vielleicht ist es doch nicht abgehoben, wenn Helmut Schmidt am Ende seines Lebens zögert, Vorbilder zu nennen. Lieber werde ich in den folgenden Kapiteln im Kleinen prüfen, was gut und was weniger gut gelungen ist und gelingt. So besteht die Chance, am Ende des Buches ein Gesamtbild zu haben, das Ihnen eine Idee vermittelt, wie Erfolg und Glaubwürdigkeit an der Spitze gelingen können. Aus diesem Mosaik wählen Sie dann bitte die Spielregeln für Ihren persönlichen Weg an die Spitze.

6. Spielregeln für den Weg an die Spitze

■ Die Wahl von Donald Trump zum Präsidenten der USA ist nur der vorläufige Höhepunkt einer Entwicklung, die schon lange da ist.

■ Wir befinden uns in den demokratischen Staaten in einer tiefen Vertrauenskrise. Diese betrifft nicht nur Regierende und beschränkt sich auch nicht auf die Politik.

■ Die Eliten unserer Länder schaffen es seit Jahren nicht mehr, auf die Probleme der Gegenwart angemessen und vertrauensvoll zu reagieren. Das Versagen liegt auf der Hand, die Folgen werden uns noch lange beschäftigen.

- Wenn wir uns mit den Konsequenzen dieses Vertrauensverlustes abfinden, entsteht für Demokratie, Wirtschaft und unser Gesellschaftssystem ein Schaden, der nicht wiedergutzumachen ist
- Ein neuer Typ Machtmensch, der mit Leidenschaft, Mut und Gestaltungswillen die Probleme der Gegenwart und die Aufgaben der Zukunft angeht, könnte eine erste positive Antwort sein.
- Frauen und Männer, die in Führungspositionen erfolgreich und glaubwürdig sein möchten, müssen die Spielregeln kennen und beherrschen, um an die Spitze zu gelangen und dort Erfolg zu haben.
- Die ultimativen und in jeder Hinsicht passenden Vorbilder gibt es nicht. Wir können aber einzelne Facetten herausarbeiten, um für uns den richtigen Weg zu finden.

KAPITEL 2

Im Haifischbecken – gegen Konkurrenz aus den eigenen Reihen bestehen

7. Eine kalte Dusche zum Einstieg

Wenn Sie sich in einer politischen Partei oder in einer Non-Profit-Organisation engagieren, dann tun Sie das vermutlich aus Idealismus. Sie arbeiten mit anderen gemeinsam an den gleichen Zielen und an einer besseren Zukunft. Gemeinsam und solidarisch in dieselbe Richtung zu arbeiten, das ist der Stoff für positive Veränderungen in der Gesellschaft.

Diese schöne Idee hat einen Haken: Sie stimmt nicht, leider. Rainer Nick, Politikwissenschaftler aus Innsbruck, entwirft ein anderes Bild: »In Wirklichkeit ist eine politische Partei wie ein Haifischbecken. Wenn einer blutet, freuen sich die anderen, dass ihnen mehr von der Beute bleibt.« Obwohl er diesen Satz schon Anfang der 1990er-Jahre zu mir sagte, hat sich an der Richtigkeit dieses Befundes zur Politik nichts geändert. In mancher Non-Profit-Organisation läuft das ähnlich.

Mag sein, dass Parteien früher geschlossener aufgetreten sind als heute und vieles für Außenstehende unsichtbar blieb. Mag sein, dass in Gruppierungen, die erst vor Kurzem gegründet wurden und im Staat noch keine Machtpositionen besetzen, der idealistische Teil größer ist. Vielleicht erleben Sie wohltuende Ausnahmen vom Bild des Haifischbeckens und finden eine Kultur der Wertschätzung und Unterstützung vor. Das wäre erfreulich, ist aber nicht die Regel.

Ungewohnte Konkurrenz

In hohen Führungspositionen müssen Sie unerwartete Konkurrenz aus den eigenen Reihen aushalten. Dieses Hickhack von ungewohnter Seite – schließlich hat man sich ja gemeinsamen Zielen verschrieben – gibt es nicht nur in der Welt der Politik, es findet auch in großen Unternehmen und anderswo statt.

Als ich im Jahr 2000 als einziger Österreicher meine Coaching-Ausbildung in Konstanz absolviert habe, hatten wir mehrere Banker in unserem Teilnehmerkreis. Einer ist während unserer gemeinsamen Ausbildungszeit zum Vorstand der Bank aufgestiegen. Ich habe ihn als Zahlenmensch in Erinnerung, der bis zu seinem Karrieresprung an Ergebnissen und Verkaufserfolgen gemessen wurde. Nach der Euphorie über den Schritt nach oben kam der Kater danach. In den Vorstandssitzungen würde es »so politisch« zugehen. Auf meine Frage, was denn daran so schlimm sei, meinte er, dass er nicht mehr offen über Erfolge und Misserfolge sprechen könne, ohne von den neuen Kollegen milden Spott oder Desinteresse zu ernten. Obwohl die Zuständigkeiten der Vorstandsmitglieder klar feststanden, hat er Monate gebraucht, um sich auf diese für ihn neue Konkurrenz einzustellen. Dabei war er selbst keineswegs zart besaitet.

Mir selbst ist es ähnlich ergangen. Während meines Studiums erhielt ich im Alter von 22 Jahren die Chance, ein

Sommerhotel zu leiten. Auf meine Visitenkarte mit dem Titel »Manager of the Hotel« bin ich heute noch stolz. Die Wahl fiel auf mich, weil eine andere Person kurz vor Saisonbeginn absagen musste und ich dem Generaldirektor zuvor als Rezeptionist aufgefallen war: »Reden kann er, der Rest lässt sich lernen.« Er war damals wirklich froh über meine Zusage. Voll Freude und Euphorie nahm ich die Arbeit auf, mit jugendlichem Elan erlernte ich die mir fehlenden Kompetenzen und traf bald darauf flott meine ersten Entscheidungen. Selbstverständlich pflegte ich den intensiven Austausch mit anderen Führungskräften der Hotelkette. Doch die Unterstützung und Anerkennung der Kollegen hielten sich in Grenzen. »Wirst schon sehen ...« war noch die höflichste Variante, um mir klarzumachen, dass ich noch lange nicht als Kollege auf Augenhöhe akzeptiert sein würde.

Diese Beispiele lassen sich fortsetzen, Sie und ich kennen Situationen, in denen engagierte Menschen eine Aufgabe übernommen haben und rasch mit Gegenwind von Personen innerhalb der Organisation konfrontiert waren. Zum Einstieg eine kalte Dusche gehört offensichtlich dazu. Führen ist kein Kindergeburtstag, Menschen zu führen und Organisationen zu leiten, kann richtig weh tun. Der jetzige österreichische Bundeskanzler Christian Kern fand noch in seiner Zeit als ÖBB-Chef einen guten Vergleich für den Start in eine Spitzenposition: »Du stehst auf einem Zehn-Meter-Turm im Schwimmbad. Du schaust ins Becken hinunter und musst entscheiden, ob du springst oder nicht.«

Aller Anfang ist schwer?

Dem widerspreche ich. Früher war es schwierig, sich in einer großen politischen Partei zu engagieren. Die altgedienten Funktionäre haben einen kritisch beäugt und meistens nur mit unattraktiven Hilfsarbeiten betraut. Die Ochsentour

35

durch den Parteiapparat war angesagt. Die Welt zu verändern lag für Neulinge vorerst einmal auf Eis. Diesen Einstieg in eine politische Karriere finden wir noch heute, doch die Realität hat sich verändert. Die traditionellen Parteien lechzen nach Jugend und engagierten Leuten. Neu gegründete Organisationen brauchen ohnehin junges Personal, spätestens dann, wenn sie auf einer Erfolgswelle schwimmen. Ist jemand unter vierzig und gleichzeitig fähig, pointiert über politische Themen zu sprechen, wird er nach anfänglicher Skepsis gerne aufgenommen. Am mangelnden Wunsch nach Nachwuchs und nach frischem Blut scheitert es nicht. Das gilt ähnlich für viele Unternehmen. Nicht umsonst bieten die großen IT- und Medienkonzerne »Onboarding«-Programme oder kaufen gleich junge Start-ups auf, um innovativ und beweglich zu bleiben.

Mein Bild vom Haifischbecken gilt daher in erster Linie für den Einstieg in höhere Führungspositionen. Die unerfreuliche Konkurrenz aus den eigenen Reihen ist für viele Menschen, die hart an ihrem Aufstieg gearbeitet und schon anderswo Anerkennung bekommen haben, nur dann auszuhalten, wenn sie sich das rechtzeitig bewusstmachen. Sonst laufen sie Gefahr, »wegzuspringen wie ein Tiger und als Bettvorleger zu landen« und in einer frühen Phase zu scheitern.

Gutgemeinte Ratschläge helfen wenig: »Business ist eben hart«, »Chef zu sein ist nichts für Weicheier« oder »Politik ist die Fortsetzung des Krieges mit anderen Mitteln.« Da bevorzuge ich schon die englischsprachige Variante des ehemaligen US-Präsidenten Harry S. Truman: »If you can't stand the heat, get out of the kitchen.« Das klingt zwar etwas pointierter, hilft aber niemandem und zeichnet ein Bild von Führung in Politik und Management, das einseitig und unvollständig ist. Besser wäre es, sich mit der Realität des Haifischbeckens und der kalten Dusche auseinanderzusetzen und erfolgreiche Gegenstrategien zu finden. Wenn das schiefgeht, sind die Konsequenzen unerfreulich.

8. Wenn gute Leute vergrault werden

Die »Haifischbecken-Situation« geht deutlich über neckische und meist harmlose Rituale für Neulinge hinaus, wie wir sie aus Gewerbebetrieben kennen, wenn der Lehrling erstmals zu arbeiten beginnt. Je besser er mit den Streichen zum Einstand umgeht, desto früher gehört er dazu. Dass Sie zu Beginn nicht gerade mit Euphorie empfangen werden, wenn Sie gleich als Chef kommen, ist verständlich. Die Konkurrenzsituation im eigenen Unternehmen geht tiefer, die Betroffenen werden demotiviert und die Unternehmen geschädigt. Andernfalls würde ich in diesem Buch kein Wort darüber verlieren.

Die Folgen des »Haifischbecken-Einstiegs« habe ich in 20 Jahren Arbeit für und mit Politikern aus der Nähe erlebt, sie sind für die Chefetagen in Politik und Wirtschaft vielfältig und einschneidend: Unnötiger Frust, menschliche Verletzungen und zerbrochene Freundschaften sind nur einige Beispiele. Teuer bezahlte Arbeitszeit und viel Energie gehen im Inneren der Organisation verloren. Da entsteht hoher wirtschaftlicher und ideeller Schaden an Parteien und in den Unternehmen. Oft gehen mehr als 90 Prozent der Zeit von Schlüsselkräften für interne Konkurrenzkämpfe verloren. Man macht sich gegenseitig das Leben schwer, um kleine Vorteile für den eigenen Status zu lukrieren.

In politischen Parteien wirkt sich das vorerst nicht finanziell aus. Es gehen »nur« Kommunikationsleistung und Motivation verloren. Sie beschäftigen sich mit sich selbst statt mit der Konkurrenz, sie spinnen Intrigen statt Zukunftskonzepte zu entwerfen. Dietmar Ecker, früher Kommunikationschef einer Partei und heute Experte für strategische Kommunikation hat in den 1990er-Jahren eine Studie erstellen lassen, um die Kommunikationsleistung zu messen, die hauptberufliche und bezahlte Mitarbeiterinnen der Partei erbringen. Das Ergebnis war so schlimm, dass diese Studie in den Gremien nie präsentiert werden durfte: Herausgekommen ist, dass die hauptberuflichen Mitarbeiter nicht nur keine positive Kommunikation nach außen leisten, sondern sogar ein negatives Image produzieren, weil sie ein Bild nach außen vermitteln, das die Wählerinnen und Wähler abstößt. Kein Wunder, dass später noch manche Wahl verloren ging. Weil Organisationen wie Parteien und Verbände nichts produzieren und nichts verkaufen, geht es meistens um Kommunikation. Ein gutes Image und eine positive Stimmung bei Unterstützern, Sponsoren und Partnern stellen das wahre Asset und den tatsächlichen Mehrwert dar. Wenn dieser Mehrwert nicht erbracht wird, weil die Spitzenkräfte mit sich selbst beschäftigt sind und sich mit Bosheiten im Inneren herumschlagen, werden Politiker und Parteien nicht gewählt. Interessensvertretungen verlieren Mitglieder und Einfluss, Non-Profit-Organisationen tun sich mit Sponsoren schwer. Sie schaffen es nicht mehr, ihren Kernaufgabe nachzukommen und ihre Wähler und Unterstützer zu erreichen Von einer guten Resonanz in den Medien und bei wichtigen Stakeholdern ist ohnehin keine Rede mehr. Am Ende entsteht auch in Organisationen mit vorrangig ideellen Zielen ein hoher finanzieller Schaden. Dieser Schaden kann durch aufwändige Werbekampagnen kaum mehr repariert werden.

In den Unternehmen sieht die Situation auf den ersten Blick anders aus, anscheinend funktionieren sie nicht so absurd wie politische Parteien. Hier findet dasselbe Spiel nur unter anderen Vorzeichen statt. Konkurrenzkämpfe im eigenen Haus halten davon ab, innovative Produkte zu entwickeln, Kontakt zum Markt und zu den Kunden zu halten oder für die Börse attraktiv zu bleiben. Als Coach habe ich Ähnlichkeiten mit politischen Organisationen entdeckt, die ich vorher nicht für möglich gehalten hätte. An der Unternehmensspitze geht es manchmal »sehr politisch zu«. Irrationales Verhalten macht auch vor Organisationen nicht Halt, die ökonomischen Prinzipien folgen und Gewinne erzielen sollten. Die Folgen sind klar: Geld bleibt liegen, Kommunikation und Weiterentwicklung finden nicht statt.

Tolle Frauen und Männer gehen verloren

Diese sinnlose und kräfteraubende Konkurrenz im eigenen Haus hat noch schlimmere Folgen. Jedes Jahr gehen Frauen und Männer verloren, die wir in Spitzenpositionen dringend brauchen würden. Sie werden vor den Kopf gestoßen und nehmen dazu Schaden in ihrem Selbstwertgefühl. Von der Übernahme weiterer Verantwortung in der Politik wenden sie sich ab, irgendwann sagen sie in Anlehnung an Friedrich August III. von Sachsen: »Macht euch doch euren Dreck alleine, ich will damit nichts zu tun haben.« Andere weigern sich, an der Spitze von Interessensvertretungen mitzuarbeiten und nehmen von vorneherein von jeder Führungsaufgabe Abstand. Führen ist für sie unattraktiv, die zweite und die dritte Ebene sind da viel bequemer und die Geschichte gibt ihnen auch noch recht.

Wissen Sie, wie viele amerikanische Präsidenten in der Geschichte der USA ermordet wurden? Es waren vier: Abraham Lincoln, James A. Garfield, William McKinley und John F. Kennedy. Die Liste der Attentate ist länger, es gibt 21 bekannte Attentate auf amtierende oder ehemalige Präsidenten. Theodor Roosevelt und Ronald Reagan wurden bei solchen Anschlägen verletzt. Wissen Sie auch, wie viele Vizepräsidenten der Vereinigten Staaten jemals getötet wurden? Ich mache es kurz: keiner. Wenn Sie nicht einmal Vize sind, haben Sie gute Chancen auf eine unversehrte Ausübung Ihres Amtes – nicht besonders ermutigend!

Aber nun zurück zu den internen Machtkämpfen: Wir verlieren nicht nur Motivation, Image, Geld und Persönlichkeiten. Besonders schlimm ist eine weitere Konsequenz: Da rücken Leute in Schlüsselpositionen nach, die uns nicht guttun, die nach oben buckeln und nach unten treten. Reinhard K. Sprenger vertritt schon seit 25 Jahren eine eigene These, wie bei uns Nachwuchs in Führungsfunktionen rekrutiert wird:»Schmidt sucht Schmidtchen, also Personen, die gleich sind wie man selber, aber einen Kopf kleiner.«

Höchste Zeit, darüber zu reden, wie Sie und ich aus dieser Falle wieder herauskommen.

9. Wie halten Sie Konkurrenz im eigenen Haus aus?

Gegen Konkurrenz aus den eigenen Reihen zu bestehen hat mehrere Facetten. Der erste Schritt ist gemacht, wenn Sie sich mit der unfreundlichen Realität früh genug konfrontieren. Schon zu Beginn keine naiven Vorstellungen von Ihren Kollegen zu haben, ist Grundvoraussetzung, um später durchzuhalten. Wenn Sie diese Konkurrenz nicht als bösartiges Verhalten Einzelner und nicht als gegen Sie persönlich gerichtete Intrigen interpretieren, haben Sie noch viel früher die Chance, professionell damit umzugehen.

Lassen Sie sich nicht täuschen von den ersten Wochen in Ihrer neuen Führungsaufgabe. Sie werden das Gefühl haben, dass ohnehin alles bestens läuft, dass man Ihnen jeden Wunsch von den Augen abliest und alle nur darauf gewartet haben, dass ein Talent wie Sie das Ruder übernimmt. Genießen Sie diese Phase, die ich in meinen Führungsaufgaben stets wie »Flitterwochen« erlebt habe. Alles ging mir leicht von der Hand, Stress empfand ich – wenn überhaupt – nur positiv und zwischendurch war ich – meistens heimlich – richtig stolz auf mich. Sollte Ihnen das bekannt vorkommen, freut mich das. Wenn Sie diese Stimmung nicht nur in den ersten Wochen empfinden, sondern auch über Jahre, dann gratuliere ich Ihnen herzlich! Sie müssen dieses Kapital nicht zu Ende lesen.

Ist es bei Ihnen jedoch nicht so erfreulich weitergegangen, trösten Sie sich mit den Vorzügen des Pessimisten: Entweder er hat recht, oder es kommt besser als gedacht. In Wirklichkeit müssen Sie sich fast immer der Konkurrenz aus den eigenen Reihen stellen. Je früher Sie das wissen, desto besser. Nach meiner Erfahrung tun sich Frauen mit diesem ungewohnten Wettbewerb schwerer als die meisten Männer. Dafür sind sie später konsequenter, wenn sie einmal entschieden haben, sich bestimmte Dinge nicht mehr länger gefallen zu lassen und einen Schlussstrich zu ziehen. Die Konkurrenz unter scheinbaren Freundinnen und Freunden halten sie aber schwer aus. Was können Sie tun?

Sich selbst führen

Beginnen Sie bei sich selbst, führen heißt zuerst, sich selbst zu führen. Nur wenn Ihr persönlicher Akku gut geladen ist, haben Sie die Chance zu steuern und andere Menschen zu begeistern. Eine Verwandte von mir hatte immer wieder mit schwankenden Stimmungen, mit Alkoholproblemen und mit Depressionen zu kämpfen. Naturgemäß hat das auf die Erziehung ihrer pubertierenden Tochter durchgeschlagen, weshalb die beiden irgendwann Hilfe beim Psychologen suchten. Das Rezept war schnell gefunden: »Ein Hund muss her, das tut dem Familiensystem gut.« Gesagt und getan, das Haustier wurde organisiert – in Gestalt eines kleinen Hundes einer an sich gutmütigen Rasse. Können Sie sich vorstellen, wie verrückt das Hündchen bereits nach wenigen Wochen war? Niemand durfte sich nähern, die Anweisungen meiner Verwandten waren ihm völlig gleichgültig, anfangs lachten wir noch über sein ständiges Knurren. Was bei der Hundeerziehung schon zum Problem wird, klappt erst recht nicht beim Führen von Menschen. Wer selbst nicht stabil ist, kann schwer andere mitnehmen.

Gut für sich zu sorgen ist Ihre vornehmste und erste Führungsaufgabe, Ihre »Batterie« muss aufgeladen sein! Machen Sie sich bewusst, was Ihnen guttut und was nicht. Achten Sie auf eine Mischung zwischen Phasen der Anspannung und Konzentration, aber auch auf Zeiten der Entspannung, Ruhe und Reflexion. Selbst Automotoren können nicht dauernd auf Hochtouren laufen, obwohl sie aus bestem Material gefertigt sind. Warum sollte Ihr Motor das besser aushalten? Wirbelsäule, Gehirn, Herz, Geist und Psyche sind für eine Dauerbelastung nicht geschaffen. Bleiben Sie in Kontakt mit sich selbst und halten Sie vor allem Kontakt mit Ihrem persönlichen und privaten Umfeld, mit Familie und Freunden. Das Menschliche bei den Machtmenschen darf nicht zu kurz kommen, nehmen Sie sich dafür genügend Zeit und Raum.

Der Führungsexperte Rolf Arnold macht in »Führen mit Gefühl« auf einen weiteren Aspekt aufmerksam. Seiner Meinung nach sollten auch Topführungskräfte ein Familienleben mit allen Höhen und Tiefen kennen, Partnerschaft leben und sich mit den Freuden und Mühen der Kindererziehung beschäftigen. Das ist kein Plädoyer für ein traditionelles Familienbild, zu sehr ist unsere Gesellschaft im Umbruch. Dennoch sollten wir neben dem Führungsjob noch andere Prioritäten haben. Eine Führungsaufgabe wird ihren Preis fordern und Abstriche in Ihrer Lebensqualität mit sich bringen. Aber der Beruf darf nie das einzige Erfolgskriterium im Leben sein. So wichtig sind wir in unseren Funktionen alle nicht, dass wir aufhören müssen, Mensch zu sein. Achill Rumpold, früherer Landesrat in Kärnten, stellt trocken fest: »Politiker sollen sich nicht immer und überall so wichtig nehmen, dass sie darüber jedes Gespür für die Außenwelt verlieren.« Die Friedhöfe legen Zeugnis ab von Menschen, die irgendwann einmal als unersetzbar galten. Trotzdem haben sich Nachfolger gefunden, die die Lücken füllen. Niemand ist unersetzbar, das sollte uns schon zu Lebzeiten bewusst sein.

Partner finden

Wer sind Ihre Mitstreiter? Suchen Sie sich von Beginn an Partner. Finden Sie Menschen, die Sie beraten und begleiten. Das kann ein Business- oder Executive-Coach sein, muss aber nicht. Sie brauchen Leute, mit denen Sie offen reden können, die Sie unterstützen, wenn es eng wird und die Ihnen den Spiegel vorhalten, wenn Sie sich gerade verrennen. Durchbrechen Sie die Einsamkeit der Chefetage, denn diese ist Gift für jede gute Führung! Partnerschaft besteht aus Geben und Nehmen, wählen Sie Verbindungen, die beiden Seiten nützen, dann werden sie lange Bestand haben. Je unterschiedlicher die Menschen an Ihrer Seite sind, desto mehr werden Sie vom Austausch mit ihnen gewinnen, desto mehr werden Sie ihnen selbst geben können. Wie in einem idealen Beratungssetting: Sie benötigen einen guten Draht und die Chemie muss stimmen. Zusätzlich braucht es unterschiedliche Sichtweisen und Zugänge, um optimal voneinander profitieren zu können.

Frauen, Männer, Leute aus anderen Kulturkreisen, Menschen mit anderer politischer Gesinnung und unterschiedlichem Werdegang, Personen, die selbstbewusst ihren Weg gehen. Ob Sie diese Mentoren, kollegiale Beraterinnen, Coaches, Sparringspartner oder Kollegen nennen, spielt keine Rolle. Verabschieden Sie sich konsequent von der Illusion des einsamen Wolfs an der Spitze. Niemand kann allein ein Rudel zusammenhalten und niemand weiß als Einzelner, was für die anderen und für ihn selbst gut ist. Sie müssen dazu weder einem Geheimbund beitreten noch sonstige verborgene Netzwerke der Mächtigen herausfinden. Ich denke auch nicht an das viel strapazierte Networking, wo man sich auf Vernissagen trifft und mit einem Glas Prosecco in der Hand Smalltalk macht und fleißig Visitenkarten austeilt.

Für eine Unterstützung in Ihrer Führungsaufgabe reichen wenige Personen, die im besten Fall etwas anders ticken als Sie und denen Sie ehrliches Interesse entgegenbringen. Auf diese Weise sind Sie unerwarteter Konkurrenz aus den eigenen Reihen gewachsen. Dann werden Sie in einer Spitzenposition nicht nur erfolgreich sein, sondern auch Freude und Spaß haben – im Austausch mit verlässlichen Partnern.

10. Respekt nach innen, Erfolg nach außen

Bevor Sie loslegen und virtuos die Konkurrenz in Ihrer Organisation überflügeln wollen, bitte ich Sie nochmals kurz innezuhalten. So wichtig es ist, im Inneren auf Akzeptanz, Respekt und Zustimmung zu stoßen, so dürfen Sie dennoch nie Ihre Außenwirkung vernachlässigen. Dieser Doppelcheck, einerseits zu prüfen, was für Sie passt, andererseits darauf zu achten, wie Sie nach außen wirken, wird sich wie ein roter Faden durch dieses Buch ziehen. Für den Aufstieg im Inneren gelten andere Erfolgskriterien als für die Profilierung nach außen. Ich habe mich zuerst mit der Innensicht beschäftigt, damit Sie sich nicht frühzeitig mit internen Grabenkämpfen verzetteln, bevor Sie einen »echten« Konkurrenten überrunden können.

In einer politischen Partei werden Sie Ihren Weg nach oben machen, wenn Sie konziliant und kompromissfähig auftreten. Stets wird von Ihnen auch Anpassung an die Erfordernisse der Organisation und ihre Meinungsbildner erwartet. Alleingänge wirken suspekt und befremdend. Loyalität, Verlässlichkeit, Berechenbarkeit, Fleiß und eine gute Kenntnis des Apparates sind nur einige Kriterien, an denen Sie gemessen werden. Selbstverständlich sollen Sie gute Ergebnisse liefern, etwa bei der Zahl der Mitglieder oder beim Organisieren. Grundsätzlich ist im Inneren unauffälliges Funktionieren gewünscht, doch das hat erhebliche Nachteile in der Außenwirkung.

Wer nicht auffällt, fällt durch!

Das Interesse Ihres Publikums konzentriert sich schon deshalb auf andere Dinge, weil die eben aufgezählten Eigenschaften als selbstverständlich vorausgesetzt werden und aus dem Blickfeld verschwinden. Personen, die sich in einer Partei gut bewegen können und die tradierten Rituale beherrschen, wirken auf andere farblos. Das betrifft Kleidung, Grußformen und die dort übliche Sprache. Ich habe in Parteien und Gewerkschaften, in Wirtschafts- und Handelskammern erlebt, wie sich die Funktionäre dadurch von denen entfernen, deren Interessen sie vertreten. Sie gelten als »Apparatschiks«, die bei Gleichgesinnten ankommen, aber keinen einzigen Wähler ansprechen. Sobald Sie genau dort erfolgreich sein möchten, müssen Sie unterscheidbar und sollten ein Typ sein, den man sich merkt. Wer nicht auffällt, fällt durch!

Das gilt für die Politik, doch dem Kampf um die Emotionen des Publikums müssen sich auch die Personen stellen, die für ein Unternehmen auftreten. Für den Erfolg an der Spitze nach außen gelten andere Erfolgskriterien als im Inneren. Zur Unterscheidbarkeit kommen noch andere Fähigkeiten dazu: schwierige Entscheidungen zu treffen, Beweglichkeit, Kommunikationsfähigkeit, die Freude, sich zu profilieren und zu verkaufen sind nur einige davon.

Personen, die sich auf die innere Logik ihrer Organisation konzentrieren und nur hier ihre Netzwerke bilden, wirken auf Außenstehende profillos, langweilig und unattraktiv – wie die berühmte graue Maus. Manchmal sind sie schon an der Kleidung zu erkennen. Parteien haben eine Gegenstrategie: Sie holen sich Quereinsteiger. Die sind unverbraucht, kommen aus angesehenen Berufen, bringen Bekanntheit und Image mit und werden bald von den Medien hofiert. Aber auch Politik will gelernt sein. Achill Rumpold hat dazu den passenden Vergleich: »Die beginnen gleich als Meister an der Spitze, ohne jemals eine Lehre gemacht zu haben. Das kann schiefgehen.«

Ähnliches passiert, wenn Unternehmen sich Personen aus anderen Branchen in Top-Positionen holen. Das kann gutgehen, doch oft scheitern schillernde Persönlichkeiten an ihrer Unkenntnis der banalsten internen Abläufe. Sie finden keinen Zugang zu den ihnen unterstellten Führungskräften, haben wenig Verständnis für die Organisation und durchschauen erst recht nicht die Netzwerke und die tatsächlichen Machtverhältnisse im Haus. Die Irritationen im Inneren dringen irgendwann nach außen und der Applaus des Publikums ist bald wieder vorbei. Offensichtlich ist beides wichtig: Profil nach außen und Respekt nach innen. Sich im Haifischbecken gut und sicher zu bewegen ist das eine, letztlich zählt aber, im freien Meer, am Markt, in der Öffentlichkeit und gegen die Konkurrenz von außen langfristig punkten zu können.

11. Manchen gelingt der Spagat

Im ersten Kapitel habe ich mich von dem Gedanken verabschiedet, nach Vorbildern zu suchen, die für alle Facetten eines positiven Machtmenschen passen. Wo finde ich Personen, die sowohl die Konkurrenz innerhalb einer Organisation aushalten und zugleich nach außen erfolgreich sind? In meinem Bundesland habe ich ihr Wirken gut beobachten können, weshalb ich mit diesen Beispielen beginne. Ich nehme keine inhaltliche Wertung vor, das funktioniert stets durch die Brille der eigenen politischen Haltung oder des gesellschaftlichen Standpunktes bei jedem anders. Mir geht es um den vorher formulierten »Doppelcheck«: Wer hat beides geschafft – Respekt nach innen und Erfolg nach außen?

Wenn du das Glück hast, Verantwortungsträger zu sein

Kaum jemand hat das Haifischbecken Politik von Jugend an so intensiv erlebt wie Peter Ambrozy. Schon während des Studiums der Rechtswissenschaften engagierte er sich in den Jugendorganisationen der Sozialdemokratie, heuerte nachher als Jurist beim Österreichischen Arbeiterkammertag in Wien an und wurde später Sekretär des Landeshauptmannes und Vorsitzender der Jungen Generation. Leidenschaftlich um neue Akzente bemüht, wollte er junge Leute zum politischen Engagement motivieren. Noch als Jugendfunktionär war er in seiner Freizeit, an den Abenden und Wochenenden, mehr unterwegs als manches Regierungsmitglied. Diese Selbstdisziplin, diese Leidenschaft und diese Ausdauer sind für ihn typisch. Sie ermöglichten ihm, bis zum Landeshauptmann aufzusteigen, nach dem Verlust des Amtes als Landeshauptmann-Stellvertreter weiterzumachen und in der Kultur, bei den Kindergärten und in der Gesundheitspolitik frischen Wind ins Land zu bringen.

Seine Karriere verlief wechselhaft, starke Gegner innerhalb und außerhalb seiner Partei haben dazu beigetragen, dass ihm der ultimative Wahlerfolg versagt geblieben ist. Peter Ambrozys politische Karriere stand manchmal vor dem Aus, seine gute Vernetzung und die sachpolitischen Erfolge in der Regierungsarbeit haben nicht nur manche Rückkehr an die Spitze ermöglicht, sondern ihm auch den Respekt jener verschafft, die ihn jahrelang als Konkurrenten bekämpft hatten. Heute zählt er als Präsident des Roten

Kreuzes in Kärnten noch nach seinem 70. Geburtstag zu den Schlüsselpersonen der Zivilgesellschaft. Die Kratzer und Blessuren haben ihn nur reifer und stärker gemacht: »Wenn du das Glück hast, ich sage bewusst Glück, Verantwortungsträger und Gestaltungsträger in der Politik zu sein, dann versuche authentisch zu sein und denke daran, dass die Wahrheit am Ende immer siegt.« Mich beeindruckt bis heute seine Loyalität, die er sich auch in schwierigsten Phasen bewahrt hat und ihn nie am Sinn seines persönlichen Einsatzes zweifeln hat lassen.

Vom Herrgott ein positives Naturell mit auf die Reise bekommen

Christof Zernatto verdiente sich die ersten Sporen nach seiner Ausbildung in der Wirtschaft, als Jurist in einer Wirtschaftsprüfungskanzlei, als Marketing- und Vertriebsleiter eines Nahrungsmittel- und Getränkekonzerns in Deutschland und schließlich in derselben Funktion im eigenen Familienunternehmen. Er war Obmann der Jungen Industrie und kam nach einer Wahlniederlage überraschend in den Gemeinderat seiner Heimatgemeinde, wurde bald darauf Nationalrat, später Landeshauptmann-Stellvertreter. Acht Jahre war er Landeshauptmann von Kärnten, obwohl seine ÖVP nur drittstärkste Kraft im Kärntner Landtag war. Aufgefallen ist mir, dass er zu allen Zeiten eine hohe Akzeptanz in der eigenen Partei hatte und daher stets die Gunst der Stunde nutzen konnte, um weiter nach vorne zu gehen: »In der Politik spielt der Zufall eine große Rolle, um überhaupt die Chance auf eine Führungsposition zu bekommen. Persönlich kannst du dazu Begeisterung beitragen, Risiko eingehen und die Abenteuerlust, spontan Ja zu sagen, wenn die Tür aufgeht und da auch durchzugehen.«

Mit 50 Jahren erfolgte das Ende der politischen Karriere

nach einer Wahl unmittelbar und deutlich. Das Mobiltelefon hat plötzlich nicht mehr geläutet, was wenige Stunden zuvor noch unvorstellbar schien. Jetzt galt es erst einmal damit umzugehen, der frühere Beruf war weg. Christof Zernatto hat es nach einem Jahr geschafft, wieder erfolgreich in der Wirtschaft Fuß zu fassen. Im Rückblick möchte er keine Minute missen, seine Bodenhaftung, sein »recht positives Naturell, das mir der Herrgott mit auf die Reise gegeben hat«, haben ihn nicht nur den Druck und die Belastungen der Spitzenfunktion aushalten lassen, sondern auch die Kraft gegeben, sich nach dem Verlust des Amtes eine neue berufliche Existenz aufzubauen.

Vorausdenken und zuhören

Michael Ausserwinkler ist leidenschaftlicher Arzt, als solcher ein begnadeter Zuhörer und hat Politik schon in der Familie erlebt. Schließlich war sein Vater Langzeitbürgermeister von Klagenfurt. Kein Wunder, dass er bei dieser Prägung selbst jung in einer Vorwahl die Chance erhielt, als Bürgermeisterkandidat in Klagenfurt für die Sozialdemokratische Partei ins Rennen zu gehen. Nach einer knappen Wahlniederlage hat er als Vizebürgermeister gute Figur gemacht, die nächste Karrierechance folgte auf dem Fuß. Er wurde mit gut 30 Jahren als Bundesminister für Gesundheit, Sport und Konsumentenschutz in die österreichische Bundesregierung berufen. Mit spektakulären Aktionen gegen Raucher, für die AIDS-Vorsorge und gegen übermäßigen Alkoholkonsum konnte er nicht nur die Medien rasch auf sich aufmerksam machen. Die Bekanntheit stieg, er machte sich in Partei und Öffentlichkeit einen Namen, handelte sich aber auch manch erbitterten Gegner ein.

Wieder einige Jahre später übernahm er als Landeshauptmann-Stellvertreter nach der Wahlniederlage die Führung der Kärntner SPÖ, damals wie heute kein leichtes Unterfangen. Er wollte verkrustete Strukturen aufbrechen, neue Wege beschreiten und er stand schon früh im Ruf eines Visionärs. Die Fähigkeit zum Zuhören ist geblieben, eine Eigenschaft, die er bei manchem aktiven Politiker schmerzvoll vermisst: »Ohne regelmäßig in den Dialog zu gehen, bleibt man stehen und hört auf zu lernen, was jeden Menschen irgendwann für andere uninteressant macht.«

Schmunzelnd blickt Michael Ausserwinkler heute auf seine widersprüchliche Politikkarriere mit vielen Höhen und Tiefen zurück: »Ich bin mit 33 in die Spitzenpolitik gekommen und mit knapp über 40 wieder ausgeschieden. Mir war schon deshalb immer klar, es gibt ein langes Leben danach. Ich war nicht immer auf ausgetretenen Pfaden unterwegs und dadurch oft ein Vordenker. Manchmal war ich auch ein Vorreiter, wobei das Problem des Vorreiters ist, dass er dann, wenn er sich umdreht, oft sehen muss, dass ihm niemand nachreitet. Das habe ich wohl auch erlebt.«

Die vielen spannenden, traurigen und erfolgreichen Momente

Achill Rumpold war nach dem Studium der Rechtswissenschaften einige Jahre in der Tourismusbranche tätig und hatte mit seinem Cousin ein eigenes Unternehmen gegründet. Mit dem Austausch von Jugendlichen aus den USA und Europa fand er eine fordernde und abwechslungsreiche Tätigkeit, die nach den Anschlägen auf das World Trade Center plötzlich eine ungewisse Zukunft hatte. Achill Rumpold erhielt die Chance, bei einem Regierungsmitglied der Österreichischen Volkspartei zu arbeiten, sein Chef stammte aus seiner Heimatgemeinde. Dessen Nachfolger in der Regierung hat ihn dann eher überraschend zu seinem Büroleiter und Kabinettschef gemacht. In dieser Phase waren wir Kollegen, ich habe ihn als konservativen und tief in den Werten der ÖVP verankerten Menschen kennengelernt, der zugleich mit seiner offenen Art Interesse für Menschen und für Neues gezeigt hat. Auch geographisch hat er stets über den Tellerrand hinausgeblickt, indem er schon in jungen Jahren Länder erkundet hatte, die ich bis heute nicht kennenlernen durfte, obwohl ich aus einer reisefreudigen Familie stamme. Seine Freundschaften und Kontakte aus seiner Zeit in der Jungen ÖVP, die tiefe Verwurzelung und die Offenheit trugen ihn weiter nach oben, er übernahm immer mehr koordinierende Aufgaben in Partei und Regierung und war auch in strategischen Fragen federführend.

Als sein Chef zurücktrat und das Regierungsmandat rasch und ohne Reibungsverlust nachbesetzt werden musste, war er der logische Nachfolger. Er hatte das Geschäft von der Pike auf gelernt und nicht nur in seiner eigenen Partei eine positive Reputation und Ausstrahlung. Schnell erreichte er gute Sympathiewerte und schien als der Mann der Zukunft, der seine Partei in einer Koalition geschickt als Zünglein an der Waage positionierte, so dass er in Verhandlungen stets viel herausholen konnte. Der nächste Parteichef wollte allerdings neue Leute. Nach wenigen Monaten in der Regierung kam der Rücktritt und ein Job in der Verwaltung wurde geschaffen, was ordentliche Medienschelte und böse Kommentare einbrachte. Heute kämpft er trotz seiner Jugend mit einer schweren Krankheit und blickt auf sein persönliches Haifischbecken Politik ohne Zorn zurück: »Politik ist wichtig und betrifft uns alle, ich möchte keine Minute missen. Die vielen spannenden, traurigen und erfolgreichen Momente, die ich erleben durfte, lassen mich auch mit meiner Krankheit viel leichter umgehen. Mit Macht kannst du sehr viel bewirken, wenn es nicht nur um Prestige geht und du den richtigen Charakter mitbringst.«

12. Spielregeln für den Weg an die Spitze

■ Zum Einstieg in eine Führungsposition erfolgt oft eine kalte Dusche im eigenen Haus. Das erinnert mehr an ein Haifischbecken als an motivierte Arbeit an gemeinsamen Zielen.

■ Führen kann gerade deshalb manchmal wehtun, wenn von unerwarteter Seite scharfe Konkurrenz droht.

■ Die Folge ist, dass enorme Ressourcen verschwendet werden. Engagierte Menschen wenden sich ab und die, die nachkommen, werden zu oft nach dem Prinzip »Schmidt sucht Schmidtchen« ausgewählt.

■ Die erste Gegenstrategie lautet: Dieser unfreundlichen Realität möglichst früh ins Auge sehen und sie vor allem nicht persönlich zu nehmen.

■ Gut für sich selbst zu sorgen, hilft ebenfalls. Führen heißt immer, sich selbst zu führen.

■ Besonders wirksam ist, für die eigenen Anliegen Partner zu suchen und Menschen zu finden, die einen begleiten. Wenn sie auch noch ganz anders ticken als man selbst, ist das nur gut so.

■ Nicht vergessen: Im Inneren und nach außen gelten unterschiedliche Anforderungen – nicht nur in der Politik, sondern auch anderswo.

KAPITEL 3

Wind lässt sich nicht beeinflussen, die eigene Richtung schon – ein Ziel haben

13. Trotz Wind und Wetter

Mit einem Geschenk meiner Frau zum 40. Geburtstag begann ein schönes Hobby: Ich hatte einen Segelkurs bekommen. Später kamen Törns am Meer und diverse Prüfungen dazu und ich war im kroatischen Teil der Adria unterwegs, dem Meer der Österreicher. Am Wörthersee besitze ich ein kleines Segelboot, nur wenige Autominuten von zu Hause entfernt. Wenn ich zu einer Segelpartie aufbreche, kann ich mir das Wetter nicht aussuchen. Wenn ich hinaus will, muss ich mich nach dem Wind richten, egal woher er gerade weht, ob Sturm, starke Böen oder Regen angesagt sind. Blöd ist Flaute, Stillstand, da kannst du dich nur mit einem Schluck Rum im Hafen trösten – für mich keine Alternative. Die Rahmenbedingungen richten sich nicht nach meinen Vorlieben. Ich kann mich darauf vorbereiten oder zu Hause bleiben. Aber Schiffe wurden noch nie dafür gebaut, im Hafen zu liegen. Wenn ich auslaufe, kann ich eines schon bestimmen: Die Richtung und mein Ziel für diesen Tag. Die hängen nur bedingt von Wind und Wetter ab. Das bestimmt immer noch der Kapitän und der trägt die Verantwortung. Vergleiche mit der Seefahrt hören wir oft: Jede Bank, die auf sich hält, führt ein Segelmotiv im Firmenprospekt. Auch die Sprache der Politik verwendet die Metapher bis zum Überdruss: »Kurs halten«, »Der Kapitän geht als Letzter von Bord« oder das Bild vom »Guten Steuermann, der mit ruhiger Hand durch stürmische See lenkt«. Trotzdem erlaube ich mir in diesem Kapitel das eine oder andere Bild. Schließlich beflügeln Wind und Wellen, Sturm und Flaute und die Weite der Meere die menschliche Fantasie seit Jahrhunderten.

Tage zum Davonlaufen

Zurück zum Ausgangsbild: Die Bedingungen kann ich mir nicht aussuchen, außer ich bleibe zu Hause. Wenn Sie die Chance bekommen, eine Führungsposition in Politik und Wirtschaft zu übernehmen, ist das oft ähnlich wie beim Segeln. Sie können zum Einstieg nicht bestimmen, ob sich Ihr Unternehmen gerade in einer Expansionsphase oder auf Sparkurs befindet. Ich erinnere mich gut an meine Coachings in einem Halbleiterunternehmen, als ich mit Managern in der Produktion arbeiten durfte. Bis zum Juli hatte man noch um Mitarbeiter geworben, der Bedarf an qualifizierten Arbeitskräften schien grenzenlos. Mit Neid beobachteten wir die Aufstiegsmöglichkeiten jener, die über die richtige Ausbildung verfügten. Der einsetzende Abschwung und dramatische Preisverfall bei Halbleitern waren nur für Insider zu erkennen. Im August desselben Jahres – wenige Tage später – kam aus der Konzernzentrale in Deutschland die Vorgabe, binnen kürzester Zeit den Personalstand um zehn Prozent zurückzufahren. Bis dahin nicht einmal in Ansätzen diskutierte Sparmaßnahmen waren unter Zeitdruck umzusetzen, kaum die Chance für Gespräche mit den Mitarbeitern oder gar mit den von Kündigungen Betroffenen. Wenn Sie in so einer Phase Führungskraft sind, dann erleben Sie Tage, an denen Sie davonlaufen möchten. Druck von oben, Frust und Enttäuschung von unten kommen bei Ihnen zusammen. Vielleicht wäre die zweite Reihe doch besser gewesen, man muss ja nicht unbedingt Chef sein.

Und wie sieht es in der Politik aus? Mag schon sein, dass Sie zum Einstieg eine erfolgreiche Phase erwischen. Ihre Partei hat gerade eine Wahl gewonnen oder wechselt von der Opposition in die Regierung. Dringend werden Leute gebraucht, die den Schwung des Wahlergebnisses in die tägliche politische Arbeit umsetzen. Der Normalfall eines Personalwechsels in der Politik sieht anders aus. Nach einer Wahlschlappe ist Köpferollen angesagt, viele wenden sich ohnehin ab und gehen auf Tauchstation. Man kann sich ja in besseren Zeiten wieder an seine politische Zugehörigkeit erinnern. Wer will schon auf einem Trümmerhaufen an der Zukunft arbeiten? Die Regierung ist abgewählt und die Ministerämter wechseln zur Konkurrenz. Auf der Oppositionsbank in weniger gut bezahlten Funktionen Platz zu nehmen, hat nichts Anziehendes.

Ja sagen

Aber für mich sind gerade das die reizvollen Momente. Da herrscht Bewegung in Politik und Parteien, keine Flaute. Wenn Sie zu diesem Zeitpunkt »eingeladen« werden, ein Stück mehr Verantwortung zu übernehmen, wird Ihnen diese Chance nur jetzt und nur einmal angeboten. Christof Zernatto, ehemaliger Landeshauptmann von Kärnten, spricht es aus: »Manchmal geht es einfach darum, dass Sie die Chance packen und durch die Türe durchgehen, solange sie offen ist.« Astrid Zimmermann, Geschäftsführerin im

Presseclub Concordia, ergänzt:»Männer sagen einfach öfter Ja und schieben auch berechtigte Bedenken eher zur Seite als Frauen. Und dann sind sie in einer Machtposition, wo die Konkurrentinnen noch gezögert haben.« Ja sagen, obwohl vieles dagegenspricht, zupacken, solange die Tür offen ist, dem Zufall eine Chance geben, auch das macht Machtmenschen aus. Wie gesagt: Den Wind können Sie sich nicht aussuchen, ob Sie das Risiko eingehen schon. Schließlich sind Sie auf Ihrem Lebensschiff der Kapitän!

14. Wofür treten Sie an?

Wenn Sie eine Spitzenposition, Führungsaufgabe oder ein Amt annehmen, lernen Sie rasch die Vorzüge kennen. Schnell gewöhnen Sie sich an den neuen Status, an Personen, die Ihnen zuarbeiten und vor allem an die Selbstständigkeit bei Ihren Entscheidungen. Chef oder Chefin zu sein, ist nicht so übel, es gibt schlimmere Schicksale. Ein Termin jagt den nächsten, viele Mikro-Themen werden an Sie herangetragen und Sie absolvieren täglich einen Sitzungs- und Gesprächsmarathon, der weniger starke Führungskräfte als Sie schon lange aus der Bahn geworfen hätte. Manche Dinge wiederholen sich, Sie reden meistens mit denselben Leuten in Ihrer Umgebung oder darüber hinaus. Ihre Arbeitstage sind so ausgefüllt, dass die täglichen Aufgaben alles andere überlagern. Mehr arbeiten geht nicht. Führen heißt, Tag für Tag diese Rallye zu schaffen, Außenstehende haben keine Ahnung, was alles auf Sie niederprasselt.

Doch einige Fragen bleiben im Stress unbeantwortet. Wofür sind Sie angetreten? Warum haben Sie diese Aufgabe übernommen? Welches Ziel haben Sie – für sich persönlich, für Ihr Unternehmen oder für Ihre politische Arbeit? Wo geht die Reise hin, haben Sie eine Idee, die Sie antreibt?

Welche Motive geben Ihnen Kraft und Ihrem Tun eine Richtung? Von Seneca stammt der Spruch: »Wer den Hafen nicht kennt, in den er segeln will, für den ist kein Wind der richtige.«

Genug gesegelt, zurück aufs Festland. Als Verantwortungsträger brauchen Sie ein Ziel: in erster Linie für sich selbst, für Ihre Aufgabe und für die Menschen, die Sie auf Ihrem Weg begleiten. Führende brauchen Folgende. Diese möchten wissen, was Sie vorhaben und dass Sie etwas vorhaben.

Weil die Orientierung fehlt

Wir leben in einer Vertrauenskrise, die Gräben zwischen Regierenden und Regierten sind auch deshalb so tief, weil Orientierung fehlt. Niemand hat einen Plan, die Mächtigen verteidigen ihre einmal erlangte Machtposition und die damit verbundenen Vorteile, so lange es geht, ohne einen erkennbaren Nutzen zu stiften oder auf ein größeres Ziel hinzuarbeiten. Orchideen-Themen werden hinauf und hinunter debattiert und füllen die Diskussion in den Medien. Jedes Miniprojekt wird als Jahrhunderterfolg verkauft. Die Menschen spüren, dass viel heiße Luft produziert wird oder nur punktuelle Maßnahmen gesetzt werden, bei denen sich niemand Gedanken über das Ende der Entwicklung macht.

Griechenlandkrise: Die Europäische Union und die Weltbank pumpen Milliarden ins Land und seine Banken mit dem vorläufigen Ergebnis, dass das Geld der Steuerzahler weg ist und der Sparkurs verschärft wird. Die Menschen in Griechenland spüren nichts von ihrer »Rettung«, es geht ihnen schlechter als zuvor. Das wahre Problem ist, dass keine Aussicht auf Besserung besteht – auch nicht in ein paar Jahren.

Bankenkrise: Marode Banken haben zu viel riskiert, alle Sicherungssysteme haben versagt, doch die Banken sind

»too big to fail«. Die Menschen und die Unternehmen, die heute noch Steuern zahlen, müssen mit ihrem Geld einspringen. Sonst wäre unser Wirtschaftssystem zusammengebrochen mit einem weltweiten Finanzkollaps als Folge. Haben Sie den Eindruck, dass die Banken und ihre Topmanager gelernt haben?

Hypo Alpe-Adria-Bank: 2006 wurde die Bank unter Jubel nach Bayern verkauft. 2009 musste die Republik Österreich die Bank »retten«, hat sie zurückgekauft und verstaatlicht. Danach geschah zuerst einmal nichts, weder in der Politik noch im Management, das hauptsächlich durch Ratlosigkeit und später durch hohe Abfindungen aufgefallen ist. 2014 war viel zusätzliches Geld notwendig, um das Bundesland Kärnten wegen der enormen Landeshaftungen vor der Pleite zu retten. Nach zehn Jahren ist endlich eine Lösung gefunden, die wieder Steuermilliarden kostet. Ein Ende mit Schrecken und ein echter Befreiungsschlag für die neue Landesregierung. Wo bleibt der Applaus des Publikums? Er bleibt aus, weil in dieser Causa so viel angekündigt und so viel versprochen wurde, dass sogar das »Happy End« auf Unglauben und Desinteresse stößt.

VW-Abgasskandal: Zuerst wurden Abgaswerte manipuliert und geschönt. Haben Sie gehört, dass das Unternehmen Besserung gelobt hat und diese auch umsetzt? Können wir dem deutschen Hochpreisprodukt Volkswagen wieder trauen oder war der Skandal ohnehin nur eine Intrige der mächtigen Lobbys in den USA? Der Konzern hat später angekündigt, tausende Menschen zu entlassen. Haben die ebenfalls manipuliert?

Flüchtlingskrise in Europa: Wer eine einfache Antwort anbietet, ist mit Vorsicht zu genießen. Trotzdem bleiben zu viele Fragen offen. Wie kann man das Ertrinken im Mittelmeer stoppen? Wie lässt sich seriös klären, was die europäischen Länder schaffen und was nicht? Werden am Ende die Einwohner aus halb Afrika nach Europa wandern? Wo bleiben die Supermächte mit ihren Waffenarsenalen, um die Kriegsherde in der Region einzudämmen? Wenn den Menschen in Europa und in den Krisengebieten nicht bald eine Idee vermittelt wird, wie es weitergeht, stoßen unsere Demokratien rasch an ihre Grenzen, der Kollaps ist nicht auszuschließen.

Hillary Clinton: Die Präsidentschaftskandidatin der Demokraten hatte 2016 viel Geld und Prominente auf ihrer Seite. Sie gewann mehr Wählerstimmen als ihr Mitbewerber, die entscheidenden Staaten gingen jedoch verloren, es reichte nicht für Platz eins. Aber erinnern Sie sich noch an irgendein Ziel von Hillary Clinton? Gibt es ein Thema, dass wir mit ihr verbinden? Eigentlich wissen wir nur, dass sie wieder ins Weiße Haus wollte.

Damit kein falscher Eindruck entsteht: Für manche Entwicklung gibt es gute Gründe und Erklärungen. Als ob ich dafür Lösungen hätte und man nur versäumt hat, mich rechtzeitig zu fragen! Bei der Beurteilung von Verantwortungsträgern zählt jedoch das, was beim Publikum ankommt, bei den Wählerinnen, bei Mitarbeitern, Kunden und Außenstehenden. In letzter Zeit ist vor allem Ratlosigkeit angekommen. Machtmenschen brauchen Ziele und müssen andere Menschen daran teilhaben lassen. Wer gestaltet, muss mehr bieten als »more of the same«. Wofür sind Sie angetreten, wofür treten Sie an? Das ist keine philosophische Frage, sondern entscheidend für Glaubwürdigkeit und Erfolg!

15. Ein kraftvolles Ziel haben

Wenn Sie Verantwortung übernehmen, müssen Sie jede Art von Komfortzone verlassen, unbequeme Entscheidungen treffen, dafür einstehen und manche Belastung für sich und Ihre Familie in Kauf nehmen. Sie zahlen einen hohen Preis dafür, dass Sie in unserer Gesellschaft Einfluss nehmen. Es wird Tage geben, an denen Sie am Sinn dieses Einsatzes stark zweifeln werden. Für diese Momente sollten Sie wissen, warum Sie sich das antun und für wen.

Ich lade ich Sie wieder zum Doppelcheck ein: So wertvoll Ziele sind, gehört auch die Gegenprobe dazu. Wer teilt Ihr Anliegen in der Welt draußen? Ist da jemand, dessen Leben Sie mit Ihrem Engagement verbessern? Wo stiften Sie mit Ihrer Arbeit Nutzen? Was wäre in Politik und Wirtschaft besser, wenn Sie heute schon Erfolg hätten? Mein Spruch war immer:»Was ist, wenn tatsächlich alles schiefgeht und wir gewinnen? Wenn wir all das umsetzen müssen, was wir uns vorgenommen haben?« Jeder denkt stets in Negativszenarien. Bereiten Sie sich auch auf den positiven Ernstfall vor! Denken Sie bei der Formulierung Ihres Ziels an lebendige Menschen, für die Sie antreten und mit denen Sie etwas weiterbringen möchten. Wer ist Ihre Lieblingswählerin? Wie sieht Ihr Lieblingsmitarbeiter aus? Was würden Ihre Lieblingskunden sagen? Welche Gefühle bewegen vor allem die Menschen, die Sie als Partner begleiten? Je klarer und je kraftvoller Sie dieses Ziel als Bild vor sich haben, desto leichter fällt es Ihnen, dafür zu kämpfen und Mitstreiter zu gewinnen.

Es geht nicht um Statusziele

Einem österreichischen Politiker wurde nachgesagt, dass er schon in der Sandkiste den Traum hatte, Bundeskanzler zu werden. Ob das nun stimmt oder nicht, er hat dieses Amt erreicht, doch sein Wirken als Bundeskanzler war kurz. Ein großes Auto, mehr Einkommen, Macht um der Macht willen oder Anerkennung, die Ihrer Funktion gilt und nicht den Ergebnissen, die Sie liefern, sind bloß Statusziele. Das ist keineswegs unanständig, solche Gedanken sind normal, aber letztlich geht es um anderes. Björn Engholm dazu: »Entscheidend ist, dass man ein Ziel hat. Und das ist nicht das persönliche Ziel, Minister oder Abgeordneter. Wir waren in den 50er Jahren groß geworden, wir wollen die Welt verändern. Und haben dann gemerkt, die Welt ist zu groß, und dann haben wir gesagt okay, dann wollen wir zunächst unser Land ein bisschen gerechter, fröhlicher und menschlicher machen.«

Ein Land gerechter, fröhlicher und menschlicher zu machen, ist doch viel schöner als jede Funktion um der Funktion willen! Statusziele dürfen nie Ihr einziger Antrieb sein, nach vorne zu gehen. Sonst wendet sich das Publikum gelangweilt ab und beschränkt den Umgang mit Ihnen auf das, was Ihre Funktion erfordert. Als Person bleiben Sie uninteressant.

Wie alles begonnen hat – der Gründungsmythos

Meistens sind es nicht Narzissmus und Eitelkeit, die Sie antreiben, viel öfter gibt es eine Ursache und einen Auslöser für Ihr Engagement. Am Beginn ist es immer mehr als Wichtigtuerei. Da geht es selten darum, bloß im Mittelpunkt zu stehen. Unternehmen haben einen »Gründungsmythos«, eine Geschichte, wie alles begann: als die ersten Produkte das Haus verlassen haben, sie die ersten Kunden gewonnen haben und welches Risiko der Firmengründer in der Stunde null auf sich genommen hat. Diese Grundidee geht manchmal verloren, wenn etwa die dritte Generation ein Familienunternehmen übernimmt. Zu viel Staub hat sich angesammelt, Sattheit und Selbstzufriedenheit überwiegen und der Kampfgeist ist abhandengekommen. Der Zauber der Gründergeneration verschwindet so umfassend, dass Partner verunsichert werden, Kunden verärgert sind und loyale Mitarbeiter von Bord gehen.

Finden Sie Ihren eigenen Gründungsmythos, Ihre stärkste Motivation und kultivieren Sie ein klares Bild von Ihren Anfängen, von dort, wo Sie herkommen, und von da, wo Sie hinmöchten. Ein Baumeister hat mir erzählt, wie er nach 1945 auf einem Waffenrad und mit einer Maurerkelle als einzigem Werkzeug am Gepäckträger zu seinen ersten Kunden radelte. Er half ihnen, ihre Häuser zu errichten, nahm später die ersten Mitarbeiter auf und übergab am Ende seines Berufslebens seinen Söhnen einen Betrieb mit 120 Leuten.

Wenn Sie sich bewerben und einem Auswahlverfahren stellen müssen, ist das die Gelegenheit, sich rechtzeitig für den Erfolgsfall Gedanken zu machen. Darüber, was Sie für die ersten hundert Tage vorhaben, im ersten Jahr und in den ersten fünf Jahren umsetzen werden. Ähnlich läuft es in der Politik, wenn Sie im Wahlkampf einsteigen und sich um ein Amt bewerben. Auch hier innehalten und gründlich über Ihre Ziele nachdenken. Kündigen Sie nichts an, was Sie nicht einhalten wollen. Alles andere ist der Keim für künftige Misserfolge und Niederlagen.

Manchmal wird Ihnen erst im Nachhinein klar, worum es Ihnen wirklich geht und welche Menschen Sie meinen. Das beginnt nicht in der Sandkiste, sondern später. Finden Sie Ihr persönliches Warum heraus und fragen Sie auch nach dem Wozu: Wo soll es hingehen und wen möchten Sie erreichen? Es ist nicht leicht, Ihrem Tun einen Roten Faden zu geben. Wenigstens im Nachhinein sollten Ihre Motive und Werte erkennbar sein – für andere und für Sie selbst. Sie verfügen nicht immer über einen großen und bis in alle Details durchdachten Plan. Oft sind es einzelne Maßnahmen und kleine Schritte, die später als großes Ganzes empfunden werden. Willy Brandts Ostpolitik in den 1970er-Jahren begann mit kleinen Schritten. Gleiches gilt für die Arbeit von Helmut Kohl an der Wiedervereinigung des getrennten Deutschland vor dreißig Jahren. Da war nicht alles durchdacht, im Ergebnis blieb es ein historischer Durchbruch.

»Lebenshüte« und »The Big Five for Life«

Zeitmanagement-Papst Lothar Seiwert nennt sie »Lebenshüte«. Finden Sie die Hauptthemen in Ihrem Leben heraus, die Sie zwar nicht in Ihren täglichen To-do-Listen unterbringen, immerhin aber in Ihren Jahres- und Monatsplänen, ja sogar in Ihren Wochenplänen Platz finden sollen. Voraussetzung dafür ist, dass Sie sich die Zeit nehmen, Pläne zu wälzen, die über den Tag und die Woche hinausgehen. »Man überschätzt, was man in einigen Monaten tun kann, man unterschätzt, was man in einigen Jahren erreichen kann.« Auch Zeitmanagement braucht Zeit. Oft planen wir unseren nächsten Sommerurlaub besser als den Rest unseres Lebens.

Stephen R. Covey verwendet in »Sieben Wege zur Effektivität« das Bild von einem Mann, der mit einer stumpfen Säge einen Baum umsägen will und damit nicht weiterkommt. Er hat keine Zeit, seine Säge zu schärfen, weil er ja sägen muss und ohnehin im Rückstand ist. Wie oft gleicht unser Handeln genau diesem Bild, bei dem wir gelangweilt die Augen verdrehen, weil wir das schon so lange kennen? Wann haben Sie zuletzt Ihre Säge geschärft? Wann haben Sie innegehalten, um zu reflektieren und zu prüfen, ob Sie auf dem richtigen Kurs sind? Wie viele Termine zum Sägeschärfen kennt Ihr Arbeitsjahr, die über die paar Tage am Meer hinausgehen?

Eine schöne Metapher verwendet John Strelecky in »The Big Five for Life«. The Big Five sind jene fünf Tiere, die Sie in Afrika unbedingt sehen müssen: Elefant, Nashorn, Büffel, Löwe und Leopard. Ursprünglich waren das Tiere, die für Großwildjäger als schwierig zu jagen galten, weshalb ihre Trophäen außerordentlich begehrt waren. Heute sind sie für Afrikatouristen ein »Must-have«, ohne die eine Afrikareise unvollständig wäre. Strelecky lädt Sie dazu ein, diese Big Five in Ihrem Leben herauszufinden, ohne die das Leben nicht wert ist, gelebt zu werden. Was sind die Big Five für Ihre Führungsaufgabe?

Was immer Ihnen hilft, Ihr Ziel zu formulieren und Ihrem Führungshandeln einen roten Faden zu geben, tun Sie es! Welches Anliegen motiviert Sie für die Politik und wo können Sie die Lebensumstände von Menschen verbessern? Welches starke Bild lässt Sie täglich unternehmerisches Risiko übernehmen, weil Sie spüren, dass Sie für Ihre Kundinnen an guten Lösungen arbeiten? Simon Sinek nennt es so: »Why do you get out of bed in the morning and why should anyone care?« Warum tun Sie sich das an und für wen? Sie werden diese Orientierung brauchen, wenn Sie Ihr Unternehmen durch schwierige Phasen steuern, wenn Sie in der typischen Achterbahn einer politischen Karriere mit vollem Tempo nach unten unterwegs sind oder wenn Sie am Sinn Ihres Ehrenamtes zweifeln. Rechnen Sie mit Gegenwind – nicht nur beim Segeln!

16. Halten Sie Gegenwind aus? Sind Sie wetterfest?

Zum Einstieg und später werden Sie es mit Konkurrenz aus den eigenen Reihen zu tun haben, die viel Kraft kostet. Selbst wenn Sie wissen, wofür Sie antreten und Mitstreiter gefunden haben, heißt das noch lange nicht, dass Sie erfolgreich sein werden. Sie werden vor allem nicht so rasch Erfolge erzielen, wie Sie sich das vorgestellt haben. Manchmal setzen Sie sich erst zu einem Zeitpunkt durch, zu dem Sie gar nicht mehr damit gerechnet haben. Kann sein, dass Sie überhaupt nie am Ziel ankommen. Typisch für das menschliche Leben ist doch, dass vieles unvollendet bleibt.

Manchmal haben Sie Gegenwind, vielleicht sogar starken Gegenwind. Je ambitionierter Sie kämpfen und je pointierter Sie für Ihr Ziel eintreten, desto mehr Leute werden damit ein Problem haben. Andere Menschen innerhalb und außerhalb

Ihrer Partei und Ihres Unternehmens haben ebenfalls Ziele, die mit den Ihren nicht übereinstimmen müssen. Auch sie möchten Erfolg haben, das darf Sie nicht entmutigen. Solange Sie von Ihrem Vorhaben überzeugt sind, dafür Partner finden und das Leben von Menschen durch Ihren Einsatz ein Stück besser wird, solange bleiben Sie dran! Sie können Ihre Taktik anpassen, Sie können einen Schritt auf die Seite machen oder sogar ein paar Schritte zurückgehen, das gehört dazu. Schließlich haben Sie es mit Menschen zu tun, deren Emotionen Sie – zum Glück – nicht planen können. Aber entfernen Sie sich nie zu weit von Ihrer Grundmotivation, opfern Sie nie Ihre Überzeugung, wenn es dafür nicht gute Gründe gibt.

Gegenwind auszuhalten bringt Sie in Konflikte mit Ihrer Umwelt. Wenn andere spüren, dass Angriffe und Widerstand Sie nicht beirren, erhöhen sie den Druck und reagieren oft besonders heftig. Das ist ein gutes Zeichen, meint kein Geringerer als Mahatma Gandhi: »Zuerst ignorieren sie dich. Dann lachen sie dich aus. Dann bekämpfen sie dich. Dann hast du gewonnen.«

Dranbleiben und Respekt gewinnen

Jetzt sollten Sie dranbleiben und weiterkämpfen, die Bewährungsphase beginnt! Sie können sich bei Freund und Feind Respekt verschaffen. Das ist nicht der Moment, an dem Ihre Beliebtheit neue Rekorde erreicht, doch Respekt und Anerkennung sind spielentscheidend. In kritischen Phasen schaffen Sie das schneller als in Zeiten der Harmonie.

Wenn Sie jetzt nicht resignieren, so menschlich das auch wäre, werden Sie sich profilieren. Stehen Sie zu Ihren Zielen und Überzeugungen dann, wenn es gerade besonders ungemütlich ist. Diese Momente wirken wie Hebel für Fortschritt und Durchbruch. Meistens schätzen Sie das erst im Nachhinein, wenn alles überstanden ist.

1994 hatten sich zwei Drittel der Österreicherinnen und Österreicher in einer Volksabstimmung für den Beitritt zur Europäischen Union ausgesprochen. 1995 folgte der offizielle Beitritt, das wichtigste Projekt der Bundesregierung war geschafft und der tägliche Zank zwischen den Parteien verdrängte rasch wieder die positive Stimmung im Land. Wenige Monate später standen erstmals Wahlen ins Europäische Parlament an, die Parteien gingen den Wahlkampf sehr lustlos an. Zu abstrakt schienen die tatsächlichen Einflussmöglichkeiten, niemand glaubte, dass die paar Österreicher bei hunderten Abgeordneten aus 15 Ländern dort etwas ausrichten könnten. Vielen war es gleichgültig, wer uns dort vertritt. Außerdem hatten die Politiker die europäischen Institutionen rasch als dankbares Prügelobjekt für Themen entdeckt, die im Inland schieflaufen. Das ist wohl heute noch so. Insgesamt also entzückende Voraussetzungen, um Menschen zu motivieren, an dieser Wahl teilzunehmen und die eigenen Kandidaten zu wählen.

Ich war vom europäischen Projekt fasziniert, hatte mich in die Materie eingearbeitet und dieses Wissen in Schulungen, Vorträgen und Diskussionsrunden weitergegeben. Zwar war ich kein Kandidat, aber dennoch mittendrin. Viele »Europäer« hatten wir nicht in unseren Reihen, weshalb die wenigen Überzeugten gut zusammenhielten. Obwohl das inzwischen 20 Jahre her ist, stehe ich mit manchen Mitstreitern von damals bis heute in Kontakt. Bei Gegenwind konnten wir uns profilieren, wurden bekannt – auch durch manches Streitgespräch. Bei der großen Schlussveranstaltung kurz vor der Wahl wandte sich der damalige Bundeskanzler Franz Vranitzky ungewöhnlich emotional an uns Junge: »Wir wissen nicht, wie diese Wahl ausgehen wird. Manche sind hinter dem Vorhang geblieben und werden uns nachher sagen, dass sie es immer schon gewusst haben. Ihr seid vorne gestanden, auf der Vorderkante der Bühne, und ihr habt gekämpft. Das werde ich nicht vergessen!« Allein diese Worte waren es wert, für meine Überzeugung eingestanden zu sein.

Sei überzeugt und überzeuge!

»Du musst überzeugt sein von deinem Tun und mit Leidenschaft und Ausdauer für deine Ziele arbeiten, dann wirst du Menschen gewinnen, die diesen Weg mit dir gehen und die dich unterstützen«, sagt Peter Ambrozy. Genau um den letzten Satz geht es mir: Menschen finden, die den Weg mit dir gehen.

Der ehemalige Nationalratspräsident Andreas Khol meint dazu: »Sie kennen wahrscheinlich das Denkmal vom Erzherzog Karl auf seinem Pferd in Wien, wie er mit der Fahne gegen Napoleon reitet und in die Schlacht zieht. Dabei schaut er nach hinten. Wissen Sie warum? Er schaut, ob die anderen, die er da führt, mit ihm reiten. Und das erwarte ich von einem Politiker: Er muss immer auch zurückschauen, ob die Leute mitgehen. Allein kann er vorne nicht operieren. Allein wird er nicht gewinnen.«

Ihre Leidenschaft ist wertlos, wenn Sie die Menschen verlieren. Eine Spitzenposition dient nie einem Einzelnen, dafür ist die Machtfülle zu groß. Wenn Sie nicht mehr über sich selbst schmunzeln können oder auf Kritik allergisch reagieren, ist das bedenklich. Das hat nichts mit Selbstbewusstsein zu tun, sondern mit Abgehobenheit, die wir den Eliten von heute vorwerfen!

Kümmern Sie sich um Feedback, freiwillig und automatisch werden Sie es nicht erhalten – schon gar nicht von Personen aus Ihrem engen Umfeld. Deren Aufgabe ist es, dem Chef oder der Chefin zuzuarbeiten und Unangenehmes aus dem Weg zu räumen. Je höher Sie in der Hierarchie steigen, desto mehr liegt es an Ihnen, Gelegenheiten und Räume zu schaffen, in denen eine hierarchiefreie Kommunikation möglich ist. Sie brauchen Feedback wie der Kapitän eines Ozeanriesen. Wäre der ausschließlich auf Informationen angewiesen, die ihm auf der Kommandobrücke zugänglich sind, würde er den Passagieren und seiner Mannschaft schlecht dienen. Wenn Sie da etwas übersehen und überhören oder in entscheidenden Phasen das Gespür verlieren, droht Ihnen wirklich Ungemach – vor allem bei stürmischer See!

17. Bloß nicht nur verwalten

Welche Personen haben sich große Ziele gesetzt und sind diesen treu geblieben? Wo sind die Führungspersönlichkeiten, die Unternehmen geprägt haben und Jahrzehnte erfolgreich am Markt bestehen konnten? Mir fallen Firmen wie »Lego« ein, »Ikea« und wieder »Microsoft« und »Apple«. Da waren wohl kraftvolle Machtmenschen dahinter, sonst wäre das nicht so lange gut gegangen. Für meine Zusammenstellung hier habe ich eine Auswahl aus Politik und Medien getroffen.

Nichts wäre schlimmer, als nur administriert zu haben

Wie Willy Brandt in Deutschland und Olof Palme aus Schweden erreichte Bruno Kreisky in den 1970er und 1980er Jahren in Österreich einen Wohlfahrtsstaat mit Vollbeschäftigung nach sozialdemokratischen Vorstellungen. Dafür war er weit über sein Land hinaus bekannt. Alle drei haben sich für Frieden und soziale Gerechtigkeit in der Welt engagiert. Im Inland stand Kreisky für Reformen, frischen Wind, die Öffnung vieler Lebensbereiche für neue Ideen und für Kommunikationsfähigkeit wie kein Zweiter. Dreizehn Jahre an der Spitze der Bundesregierung und mehrere Wahlerfolge mit absoluten Mehrheiten waren das Ergebnis, das vor und nach ihm kein österreichischer Spitzenpolitiker auf Bundesebene erreicht hat.

Margit Schmidt, seine engste Mitarbeiterin über Jahrzehnte, hat mir das »Phänomen Kreisky« nähergebracht: »Für ihn gab es so gut wie keine Trennung zwischen Beruf und privat, er hat sich rund um die Uhr für die Sorgen von Menschen interessiert, waren sie auch noch so klein, hat ihnen ehrliches Interesse entgegengebracht, Bürgernähe nicht nur plakatiert, sondern auch gelebt. So stand etwa seine Telefonnummer im Telefonbuch, und er hat am Morgen vor seinem Weg ins Büro Telefonate der Österreicherinnen und Österreicher entgegengenommen, die größere und kleinere Sorgen an ihn herangetragen haben. Mitten in der Arbeit für eine Parteitagsrede hat einmal eine Frau weinend, spät in den Abendstunden, während eines schweren Gewitters, angerufen und geklagt, dass es in ihre Wohnung hereinregnet. Da hat Kreisky den Feuerwehrchef angerufen und dieser hat veranlasst, der Frau zu helfen.«

Kreisky war überzeugt, dass man die Demokratie stabilisiert, indem man sie in Bewegung hält: »Ich fürchte, dass von dem vielen, das man beginnt, nur einiges gelingen wird. Aber das wird hoffentlich genug sein, um eine bleibende Wirkung zu haben, einen neuen Treppenabsatz in der Entwicklung darzustellen. Nichts wäre grauslicher als der Gedanke, nur administriert zu haben.«

Die Bedeutung des Amtes nicht mit der eigenen Person verwechseln

Am Beginn ist der Werdegang von Ferdinand Lacina eng verknüpft mit jenem Bruno Kreiskys. Geprägt von Erfahrungen der Generation vor ihm mit Arbeitslosigkeit, Diktatur und Faschismus hat er begonnen, sich mit Wirtschaft und Wirtschaftspolitik zu beschäftigen. Wie kann man das System so weit stabilisieren und reformieren, dass die Gefahr eines neuen Faschismus oder einer neuen Diktatur nicht entsteht und dass Krisen weitgehend vermieden werden können? Nach dem Studium an der Hochschule für Welthandel wurde er in der Arbeiterkammer Leiter der wirtschaftswissenschaftlichen Abteilung, später Kabinettschef des Bundeskanzlers, Staatssekretär, Minister für öffentliche Wirtschaft und Finanzminister. Das Motiv seines politischen Handelns hat ihn ein Leben lang begleitet. Als die große Krise der Verstaatlichten Industrie zu bewältigen war, als eine große Steuerreform umgesetzt werden musste oder als sich Österreich auf den Beitritt zur Europäischen Union vorzubereiten hatte.

An das Finale der Verhandlungen denkt er heute mit Schmunzeln zurück: »Die letzten beiden Nächte waren spannend und ungeheuer belastend. Da haben Journalisten und der eine oder andere Mitarbeiter durchaus schon geschlafen, während wir die ganze Zeit wach sein mussten. Aber das waren außerordentlich interessante Zeiten, die ich nicht missen möchte.« Ferdinand Lacina hat politische Funktionen nie angestrebt und doch eine beeindruckende Karriere an der Spitze absolvieren können. Er hat sich nie in den Vordergrund gedrängt, das Bad in der Menge nicht wirklich gebraucht, die Bedeutung des Amtes nicht mit der eigenen Bedeutung verwechselt und sich auch für das Leben außerhalb der Politik eine gewisse Unabhängigkeit bewahrt: »Das ist erstens gut für die Nerven und zweitens auch gut für das Auftreten.«

Frauen können es genauso gut wie Männer

Astrid Zimmermann kenne ich seit über 20 Jahren. Als Journalistin, als Mentorin, als politisch bewusste Frau, die stets auch Partnerin für andere Frauen auf ihrem Weg nach oben war. Bis heute unterstützt sie Frauen, fördert Nachwuchsjournalistinnen, diskutiert und streitet über Qualität und gute Arbeitsbedingungen im Journalismus oder springt als Moderatorin ein, wenn eine Veranstaltung zu einem anspruchsvollen Thema einen roten Faden braucht. Sie war Pressesprecherin, leitete eine Bundesländerzeitung, war in der Chronik-Redaktion eines Magazins und stieß ist in der Aufbauphase zum Redaktionsteam der damals noch jungen Tageszeitung »Der Standard«. Sie engagierte sich als Betriebsrätin und verhandelte einige Jahre später schon als Chefin der Journalistengewerkschaft mit den großen Medienkonzernen zeitgemäße Kollektivverträge. Selbstverständlich war sie auch Mitbegründerin des überparteilichen Vereins »Frauennetzwerk Medien«. Heute ist sie Aufsichtsratsvorsitzende einer Zeitung und arbeitet als Generalsekretärin im renommierten Presseclub Concordia. Bei der Concordia handelt es sich um die älteste Vereinigung von Journalistinnen, Journalisten, Schriftstellerinnen und Schriftstellern in Österreich. Die Concordia ist inzwischen 150 Jahre alt.

Astrid Zimmermanns Karriere wirkt stimmig, typisch für eine engagierte Medienfrau lesen sich die einzelnen Stationen. In Wirklichkeit gab es Brüche, gab es einen Zeitungskonkurs, gab es schwere Konflikte und Phasen großer beruflicher Unsicherheit, dazu noch den Umgang mit schwierigen Partnern. Dennoch ist das große Ziel bis heute erkennbar geblieben: Einsatz für Diskurs und Bildung, für Qualität im Journalismus und für Frauen in Spitzenpositionen.

Typisch für ihr Wirken als Journalistin ist folgende Geschichte: »Als junge Journalistin hatte ich die Aufgabe, auf einen Parteitag zu gehen und die Parteitagsrede dort für unsere Zeitung kurz zusammenzufassen. Auf meine Frage, wie ich weiß, was da wichtig ist, hat mein Chef nur gemeint, du wirst schon merken, wenn dort ein wichtiger Satz fällt und den schreibst du auf. Ja und ich bin mit einem leeren Block in die Redaktion zurückgekommen. Ich hatte keinen wichtigen Satz gehört. Das war bei uns noch zehn Jahre lang der Running Gag in der Redaktion!«

Authentizität, Menschlichkeit und eine politische Mission

Peter Kaiser erinnert sich immer wieder an seine Schulzeit. Er stammt aus einer Arbeiterfamilie. Der Vater starb viel zu früh, die Mutter musste als Reinigungsfrau die beiden Kinder durchbringen. Die Familie hatte kein Geld für neue Schulbücher, gebrauchte mussten reichen. Auch die Teilnahme an Schulausflügen scheiterte an den Finanzen. Erst die Bildungsreformen unter Bundeskanzler Kreisky in den 1970-er Jahren brachten Gratis-Schulbücher für alle und zahlreiche Unterstützungen für ärmere Familien. Von dem Stolz und von der Freude über das erste eigene Schulbuch spricht er bis heute gerne. Peter Kaiser ist schon früh Sozialdemokrat geworden und hat sich in den Jugendorganisationen engagiert. Dort zum Vorsitzenden gewählt worden zu sein, nennt er noch immer seinen größten politischen Erfolg. Die Wegbegleiter dieser frühen Jahre sind bis heute Freunde geblieben, für die er sich Zeit nimmt und deren Feedback ihm wichtig ist.

So manche Enttäuschung in der Karriere, so manches nicht eingehaltene politische Versprechen haben ihn an seinen Zielen nie zweifeln lassen. Stets hat er dort seinen Beitrag geleistet, wo das möglich war. Er ist geerdet geblieben, als er in einer Krisensituation den Parteivorsitz und später nach der Abwahl der Vorgängerregierung das Amt des Landeshauptmannes übernommen hat. Ihm ist der Erfolge nicht zu Kopf gestiegen, er spielt zwar gerne mit seinem Nachnamen und freut sich über »Kaiserwetter«, wenn es schön ist, aber das hat er schon in seiner Schulzeit getan. An einem Thema ist er drangeblieben – an der Bildungsfrage. Persönlich war der zweite Bildungsweg angesagt, den er mit Freude einschlug, sobald er sich beruflich etabliert hatte. Stets ermuntert er auch junge Politikerinnen und Politiker, ihre Bildungsabschlüsse nicht zu vernachlässigen, sondern ihre Ausbildung bis zum Ende durchzuziehen. In der politischen Arbeit spielt die Bildung stets die Hauptrolle, zuerst im Gemeinderat, später im Kärntner Landtag, und heute ist er als Landeshauptmann und Regierungsmitglied für sämtliche Bildungsagenden im Land zuständig. Er ist den Zielen seiner Jugend treu geblieben. Er ist Mensch geblieben, integer und bescheiden – Machtmensch im besten Sinn des Wortes.

Politisch engagierten Jugendlichen von heute gibt er folgenden Satz mit: »Erarbeite dir Grundsätze, befolge diese und überprüfe mit dem täglichen Blick in den Spiegel, ob du sie auch einhältst.«

18. Spielregeln für den Weg an die Spitze

■ Sie können sich die Rahmenbedingungen und Begleitumstände für Ihr Engagement nicht aussuchen, die Richtung und die Ziele hingegen schon, die Sie einschlagen wollen.

■ Um durchzuhalten und erfolgreich zu sein, braucht es die Frage: Wofür bin ich angetreten, was ist mir wichtig und wer ist mir wichtig?

■ Auch hier ist die Gegenprobe fällig: Welche Menschen profitieren von Ihrem Anliegen, wenn Sie damit Erfolg haben sollten? Wo sind Ihre Lieblingswählerinnen, Ihre Lieblingsmitarbeiter und Ihre Lieblingskunden?

■ Ein bloßes Statusziel in der Form, eine bestimmte Position oder ein Amt anzustreben, ist zu wenig und nützt nur Ihnen. Das darf aber nicht die Hauptrolle spielen und wird nie so kraftvoll sein, dass Sie andere dabei mitnehmen werden.

■ Auch im Tagesgeschäft den roten Faden nicht zu verlieren, Gegenwind auszuhalten und gerade in solchen Momenten für Ihr Ziel zu kämpfen, gehört dazu.

■ Ein Engagement in besonders unerfreulichen Phasen schafft am Ende Respekt und Anerkennung.

■ Bei aller Leidenschaft und Zielstrebigkeit sollten Sie Räume und Gelegenheiten für eine hierarchiefreie Kommunikation schaffen. Feedback auf Augenhöhe einzuholen, gehört zu den vornehmsten Aufgaben moderner Verantwortungsträger.

KAPITEL 4

Widersprüche, wohin man schaut – sich in verschiedenen Welten bewegen

19. Welche Realität ist die richtige?

2004 erhielt ich die Chance, den Stab eines Regierungsmitglieds zu leiten. Trotz mancher Bedenken gab ich meine definitive Zusage binnen weniger Tage und stürzte mich ins Geschehen. Politischer Gegner unserer Fraktion und meiner Chefin war Jörg Haider, österreichischer Rechtspopulist mit Kommunikationstalent. Hier dagegenzuhalten, hatte einen besonderen Reiz, dem ich nicht widerstehen konnte.

Durch meine bisherige Arbeit hatte ich einen guten Draht zu Fachbeamten wie Journalisten und durfte als Coach manche Persönlichkeit des öffentlichen Lebens aus nächster Nähe kennenlernen. Meine Bekannten freuten sich, mich ab sofort in einer Schlüsselstelle der Landespolitik zu sehen. Manche streuten Vorschusslorbeeren und gratulierten meiner Chefin dazu, dass sie einen Profi wie mich an ihre Seite geholt hat. Andere wollten schon nach wenigen Tagen meine Handschrift erkennen. Einmal erhielt ich Komplimente für eine Rede, bei der nicht ein Wort von mir stammte. Dietmar Ecker meinte nur mit Augenzwinkern:»Genieße es! Sobald etwas schiefläuft, bist du sowieso verantwortlich, auch wenn du nichts damit zu tun hast!«

Wie in einem Film

Ich fühlte mich wie in dem köstlichen alten Film»Der Hauptmann von Köpenick« mit Heinz Rühmann in der Titelrolle: Du hast eine Uniform an – in meinem Fall eine neue Funktion – und plötzlich läuft alles anders als zuvor. Meine Frau Margit hat dafür gesorgt, dass ich trotz Euphorie und Antrittsapplaus am Boden geblieben bin.

Aber da gab es noch eine andere Realität, die ich in den ersten Wochen nicht wahrnehmen wollte. Wie in jedem Regierungsbüro hatten wir täglich viel Post abzuarbeiten, zahlreiche Termine vor- und nachzubereiten. Manchen dicken Akt über Fördergelder oder voll komplexer rechtlicher Ausführungen konnte ich auch nach mehrfachem Lesen nicht verstehen. Ich hatte zweifaches Glück: Unser Büro hatte schon vor meinem Einstieg gut funktioniert und meine Chefin war bereits fünf Jahre im Amt und fand selbst die kniffligen Punkte, auf die sie vor dem Unterschreiben achten musste. Das wäre eigentlich mein Job gewesen, doch ich saß vor Aktenbergen ohne die geringste Chance, das alles vernünftig durchzulesen oder zu beurteilen. Da kam mir eine Aussage von Udo Jesionek zu Beginn meines Studiums in den Sinn, er war damals Präsident des Jugendgerichtshofes Wien gewesen. Auf mein Geständnis, dass es mir noch schwerfallen würde, unsere Rechtsordnung kritisch zu beurteilen, meinte er trocken:»Bevor man etwas kritisiert, sollte man es gelernt haben.« Dieser Satz hat mich seither begleitet und ist mir stets dann eingefallen, wenn ich wieder einmal eine neue

Führungsaufgabe übernommen hatte. Du beginnst auch als Chef immer wieder von vorn! Welche Welt war nun die Wirklichkeit? Die täglichen Akten vom Sozialzuschuss bis zu den Vorlagen für die Regierungssitzung? Oder ging es um eine andere Realität, um das positive Image nach außen? Mindestens zwei Welten stießen aufeinander, die gegensätzlicher nicht sein können. Heute weiß ich, dass ich als Führungskraft mit diesen Widersprüchen umzugehen habe und mich in mehreren Welten gleichzeitig bewege. Die eine Wirklichkeit gibt es nicht, wenn Sie Macht ausüben und Verantwortung tragen.

Mehrere Welten gleichzeitig

In einem kleinen Bundesland für ein Regierungsmitglied zu arbeiten, heißt nicht, die Machtposition schlechthin innezuhaben. In erster Linie war es eine Koordinationsaufgabe. Ich hatte Projekte und Akten zu prüfen, Briefe vorzubereiten und zu entscheiden, welche Informationen zügig an das Regierungsmitglied herangetragen werden mussten und welche später. Ständig ging es darum, alle relevanten Entscheidungsgrundlagen bereitzustellen. Ich hatte viel mit Kommunikation zu tun und das bedeutet auch Macht haben. Sie kennen es aus den Medien: Jahre später werden Vorwürfe erhoben, warum ein Regierungsmitglied eine bestimmte Information nicht in seinen Entscheidungen berücksichtigt hat, wo es doch »das Büro« schon damals gewusst hätte. So einfach ist es nicht, unter Druck Wichtiges von Unwichtigem zu unterscheiden. Wenn sogar ich manchmal überfordert war, wie mag das für die Regierenden selbst sein? Welche Widersprüche müssen Manager von Konzernen mit tausend und mehr Mitarbeiterinnen aushalten? Wie geht es Prominenten, die viele bloß aus den Medien kennen? Wie schaffen die das? Ich habe nur eine kleine Welt erlebt, in der eine größere ihre Probe hält. Dennoch bin ich in dieser Zeit durch eine harte Schule mit Zeiten hoher persönlicher Belastung gegangen. Das war aber nichts im Vergleich zu den höchsten Verantwortungsträgern, die ich begleitet habe.

Unser früherer Pressesprecher hat einmal festgestellt, dass Politiker zweierlei beherrschen müssen. Einerseits sollen sie ihre täglichen Sachaufgaben bestmöglich meistern, die heute wesentlich schwieriger als vor zwanzig Jahren sind. Die Anforderungen an das Tagesgeschäft steigen. Andererseits müssen sich Spitzenleute ununterbrochen mit der Realität der Medien und ihrer Öffentlichkeitsarbeit befassen, in der andere Schwerpunkte zählen. Allein mit diesen beiden Welten zurechtzukommen, würde ein eigenes Buch rechtfertigen. Später werde ich noch einiges zum Thema Kommunikation ausführen. Auf den nächsten Seiten nehme ich mir drei andere Gegensätze vor, mit denen Sie zurechtkommen müssen.

20. Privilegien und Druck

Ganz vorne zu stehen ist mit Privilegien verbunden, Sie haben Gestaltungsmöglichkeiten, werden bekannt und kommen mit interessanten Zeitgenossen in Kontakt. Schon bald werden Sie zu attraktiven Veranstaltungen eingeladen und genießen ein höheres Einkommen. Zu den äußeren Insignien der Macht zählen große Budgets, Stäbe von Mitarbeitern oder sogar ein Dienstwagen mit Chauffeur, über die Sie nach Ihren Bedürfnissen verfügen können. Diese sichtbare Seite Ihrer Position ist vielen bekannt, dafür werden sie bewundert und beneidet.

Es gibt aber noch eine andere Seite, die das Publikum nicht sieht oder sehen will. Spitzenleute stehen unter einem extremen Druck, von Beginn an sollen sie Ergebnisse liefern, alles durchschauen und in kurzer Zeit schwierige Entscheidungen treffen. Das bisherige Leben wird auf den Kopf gestellt, die zahlreichen Änderungen müssen Sie zuerst verkraften und dann abarbeiten. Bei Politikern räumen Journalistinnen und Mitbewerber großzügig eine Hundert-Tage-Frist ein, die jedem als Schonzeit zugestanden wird. Erst danach trifft ihn oder sie die volle Bewertung des Publikums, der Medien oder der Börsen. Oft werden diese hundert Tage auch nicht gewährt. Die Regierung hat wichtige Entscheidungen mehrmals vertagt, Reformen nicht angepackt und jahrelang keine großen Würfe geliefert. Grund genug, dem neuen Regierungschef, der neuen Fachministerin oder einem CEO jede Einarbeitungszeit abzuerkennen. Die berühmten hundert Tage sind altmodisch und Zeit, die wir schon lange nicht mehr haben.

In drei Monaten alles kapiert?

Haben Sie schon einmal eine neue Arbeitsstelle angetreten und nach drei Monaten alles gecheckt? Haben Sie in einer Führungsaufgabe nach dreizehn Wochen gewusst, worauf es ankommt? Vielleicht haben Sie tatsächlich eine Spitzenposition eingenommen und nach hundert Tagen war alles klar? Frei nach dem Spruch: »Du hast keine Chance, nütze sie!« Herzliche Gratulation, wenn Sie nicht überfordert waren! Ich halte das für unrealistisch.

Monika Kircher, ehemalige CEO von Infineon Austria, spricht es aus: »Ich bin an jede Aufgabe mit Respekt herangegangen. Damit meine ich vor allem, dass ich mir beim Einarbeiten Zeit gelassen habe. Und da rede ich bei komplexen Herausforderungen von ein bis zwei Jahren. Parallel dazu gibt es natürlich auch Dinge, die man sofort entscheiden muss.« Präzise bringt Monika Kircher auf den Punkt, wie unsinnig jede Hundert-Tage-Frist oder noch kürzere Zeiträume sind. Allerdings gibt Ihnen das Publikum meistens nicht so viel Zeit, wie Sie brauchen. Schließlich werden Sie gut bezahlt, tragen Verantwortung für Menschen und Geld und sollten gefälligst liefern! Was das bedeutet, verstehen nur Leute, die das erlebt haben: kaum Familienleben, wenig Freizeit, oder Muße für Sie selbst. Als Spitzenpolitiker kennen Sie kein Privatleben im eigentlichen Sinn mehr, die Grenze zwischen Beruf und privat verschwindet fast ganz, wenn Sie nicht auf der Hut sind. Privilegien auf der einen Seite, extremer Druck und keine Zeit für Privates auf der anderen Seite führen dazu, dass sich Machthaber und ihr Publikum immer weiter voneinander entfernen. Außenstehende nehmen nur die Schokoladenseite wahr, die Verantwortungsträger selbst sehen an vielen Tagen nur die Opfer, die ihnen abverlangt werden.

Wie eine Droge

Macht macht etwas mit uns und verändert die Machthaber. Macht erinnert an eine Droge und dient als Ersatzbefriedigung für anderswo Versäumtes. Der frühere US-Außenminister Henry Kissinger bezeichnete Macht als »das größte Aphrodisiakum«. Macht ist also erotisch, fast alle menschlichen Gefühle werden ausgelebt: Liebe und Hass, Sieg und Niederlage, Glück und Enttäuschung, alles ist enthalten. Die Droge Macht wirkt doppelt problematisch: Einmal löst sie Euphorie aus, es tut ja so gut oben zu stehen. Gleichzeitig funktioniert sie wie ein starkes Schmerzmittel. Sie nehmen psychische und physische Belastungen nicht mehr wahr, Sie verlieren jede gesunde Selbsteinschätzung darüber, wie viel Sie aushalten, ohne bleibenden Schaden zu nehmen. Menschen in Spitzenpositionen leben dadurch oft in einer Scheinwelt, ähnlich dem alten Hauptmann von Köpenick in seiner geliehenen Uniform, nur täglich. Und wehe die Droge wird abgesetzt, die Entzugserscheinungen und der Kater danach sind schlimm. Manche fallen in ein schwarzes Loch wie jene Ministerin, die im Zuge einer parteiinternen Rochade über Nacht ihr Ministeramt verloren hatte. Angeblich wurde sie mehrere Tage lang von Weinkrämpfen geschüttelt und heimste dazu noch den Spott und hämische Zeitungskommentare ein.

Ein Manager von Mercedes erzählte mir, wie er im Zuge einer Umstrukturierung seinen hoch dotierten Führungsjob verloren hatte. Mit 55 Jahren büßte er zwar seine Arbeit ein, erhielt aber eine hohe Abfindung und hatte trotz allem kaum finanzielle Sorgen. Sogar den Dienstwagen durfte er behalten. Da gab es nur einen kleinen Unterschied: Das Autokennzeichen war neu, weil der Konzern für Mitarbeiter bestimmte Nummern verwendet hatte. Die Nachbarn – ebenfalls alles Mercedes-Leute – konnten schon an der Nummerntafel sehen, dass mein Gesprächspartner nun »nicht mehr dazu gehörte«. Das hat ihn fast verrückt gemacht, erst einige Jahre später konnte er ungläubig den Kopf darüber schütteln.

Die Droge Macht wirkt spätestens dann, wenn sie abgesetzt wird. Die Folgen sind bei Männern meistens schlimmer als bei Frauen, die sich oft nicht so sehr an die äußeren Symbole gewöhnen und es gelassener nehmen, wenn es vorbei ist. Meine ehemalige Chefin war vor ihrem Rücktritt etwa zehn Jahre Regierungsmitglied. Am Tag ihres Ausscheidens fuhr sie morgens mit Dienstwagen und Chauffeuse in den Landtag, um sich zu verabschieden. In der Früh hatte sie noch ein Team von zwölf Mitarbeiterinnen und Mitarbeitern an ihrer Seite: Büroleiter, Pressereferentin, Juristen, Betriebswirtin, Terminsekretärin und viele andere gute Geister. Zwei Stunden später war sie ohne Mitarbeiter, vorerst ohne Einkommen und durfte mit dem Bus nach Hause fahren. Es gibt Schlimmeres und dennoch schaffen es viele nicht, damit umzugehen, wenn die Droge Macht zum ersten Mal fehlt.

Portionieren Sie die Drogen-Dosis

Wie können Sie mit diesem Widerspruch besser umgehen? Seien Sie sich stets bewusst, dass eine Führungsaufgabe und die damit verbundenen Möglichkeiten wie eine Droge wirken und Sie in eine Scheinwelt mit vielen angenehmen Seiten versetzen.

Üben Sie sich darin, zwischen Ihrer Funktion und Ihrer Person zu unterscheiden – in Ihrem Kopf. Das Publikum tut das nicht. Wenn Sie als Unternehmer Leute entlassen müssen, werden Sie angegriffen. Wenn Sie als Politikerin für unpopuläre Maßnahmen eintreten, spricht man Ihnen jedes Gespür für die Bedürfnisse der Bürgerinnen und Bürger ab. Außenstehende können oder wollen nicht differenzieren, sie nehmen einen kleinen Ausschnitt für das Ganze. Deshalb müssen Sie differenzieren. Achill Rumpold beschreibt es so: »Ich habe noch nie so viele Geburtstags-SMS bekommen, wie während meiner Zeit als Landesrat. Aber die meinen ja nicht dich als Person, sondern die gelten hauptsächlich deiner Funktion. Diese Charaktereigenschaft, Distanz zu wahren, war auch ein wichtiges Kriterium bei der Auswahl meines Umfelds.«

Achten Sie auf die Signale aus Ihrer Familie und Ihrem Freundeskreis! Wenn Sie Rückmeldungen erhalten, die Ihnen unangenehm sind, denken Sie drüber nach und ziehen Sie Konsequenzen. Sie sind gleich doppelt geschützt: Sie werden sich weder an Ihre Privilegien zu sehr gewöhnen noch vor lauter Druck Ihre Gesundheit, Ihre psychische Stabilität oder gar Ihre persönliche Integrität aufs Spiel setzen. Machtmenschen schauen nämlich gut auf sich selbst!

21. Vorschusslorbeeren und überzogene Kritik

Menschen haben Sehnsucht nach Orientierung, die von Parteien, Kirche und Unternehmen längst nicht mehr befriedigt werden kann. Damit werden Einzelpersonen zur Projektionsfläche für die Öffentlichkeit und rücken noch stärker ins Zentrum der Aufmerksamkeit. Sie drängen Marken, Produkte und Organisationen in den Hintergrund. Menschen wollen Menschen sehen und sich an ihnen orientieren. Das hat Vor- und Nachteile.

Applaus zum Antritt

Führungskräfte erhalten zum Start in ihrer neuen Aufgabe viel Applaus, endlich ist wieder ein neues unverbrauchtes Gesicht an der Spitze zu sehen. Rasch werden sie zu Vorbildern stilisiert, Träger für die Hoffnungen vieler und mit überzogenen Erwartungen konfrontiert. Anfangs fühlen Sie sich geschmeichelt. Die Schulterklopfer und die neuen Freunde sind angenehm, weil die immer schon gewusst haben, dass Sie der oder die Richtige für diese Position sind. Schon in der ersten Woche machen Sie alles besser als die Vorgänger in all den Jahren. Das hört man gern! Wenn noch ein Willkommensfeuerwerk in den Medien dazukommt mit schönen Fotos, Interviews und wohlwollenden Schlagzeilen, scheint das Glück perfekt. Vorerst kaum wahrnehmbar, stellt sich ein diffuses Gefühl ein, ob das alles mit rechten Dingen zugeht. Erste Zweifel tauchen auf, ob Sie es wohl schaffen werden, die Vorschusslorbeeren jemals zu rechtfertigen.

Wenige Monate später, vielleicht auch erst nach ein paar Jahren hat sich das Bild gewandelt. Der frühere Hoffnungsträger ist ein Totalversager und eine einzige Enttäuschung, Vorbilder schauen anders aus. Nichts ist mehr so, wie es gerade noch war; was man vorher gut fand, ist jetzt schlecht.

Der Applaus ist verstummt oder leiser geworden. Kritik kommt aus Ecken, aus denen es vorher nur Zustimmung gab. Statt der unrealistischen Erwartungen erhalten Sie jetzt extreme und überzogene Kritik, die in den sozialen Netzwerken durch Hass und Beschimpfungen von Unbekannten ergänzt wird.

Auch nur ein Mensch

Begonnen hat es harmlos. Doch nach hundert Tagen wird Bilanz gezogen und festgestellt, dass die Schonzeit nun vorüber ist und Ergebnisse gefragt wären. Ein Beistrich, zwei Entscheidungen später klingt es etwa so: »Die Neue an der Spitze sieht jetzt schon etwas alt aus.« Später wird Ihnen vorgeworfen, doch nur mit Wasser zu kochen – womit denn sonst?! Irgendwann fällt das harte Urteil: »Der ist eben auch nur ein Mensch.« So etwas macht mich zornig! Machtmenschen sind Menschen mit Fehlern und Widersprüchen – nur mit einem Unterschied: Sie bleiben nicht auf der Zuseherbank, sondern setzen sich einer Führungsposition aus. Sie treffen Entscheidungen, die mehr oder weniger gut sind. Sie werden bewertet, beurteilt und rasch von jenen verurteilt, deren Beitrag zur Weiterentwicklung unserer Gesellschaft manchmal über ein »Gefällt mir« oder »Gefällt mir nicht« auf Facebook nicht hinausgeht. Es ist das gute Recht jeder und jedes Einzelnen, zu kritisieren, ohne selbst Verantwortung übernehmen zu wollen. Mit dem Ausspruch »auch nur ein Mensch« macht man es sich jedoch ein bisschen zu einfach.

Eine Person, zwei Welten, vorher und nachher, Licht und Schatten. Was ist geschehen? Zum einen sind Sie Opfer der Wirkungsweise von Medien geworden, die Sie so lange positiv hypen, bis es nur mehr nach unten gehen kann. Aber die Medien allein sind es nicht, die Menschen machen mit. Sie orientieren sich an prominenten und bekannten Personen für ihre eigenen unerfüllbaren Hoffnungen und Wünsche ebenso wie für ihre Enttäuschungen und Niederlagen. Es tut gut, nicht bei sich selbst anfangen zu müssen, sondern »die da oben« als Sündenböcke zu haben. Auch das ist zutiefst menschlich, mehr als wir je zugeben würden. Die Kehrseite von übersteigerten Erwartungen am Anfang sind bittere Enttäuschungen danach. Kennen Sie Beispiele?

Österreichs Regierungsspitze: Vor einigen Jahren übernahm Reinhold Mitterlehner das Amt des Vizekanzlers und ÖVP-Vorsitzenden. Obwohl er schon kurz vor seinem 60. Geburtstag stand und seit Jahren in der Politik war, wurde er plötzlich als »Django« gefeiert, der Politiker der Zukunft schien geboren. Wenige Jahre später sanken die Chancen drastisch, seine Partei in die nächste Nationalratswahl führen zu können, der junge Außenminister war ein zu starker Konkurrent. Im Mai 2017 folgte das Aus, der Vizekanzler trat entnervt von allen Funktionen zurück.

Ein ähnliches Bild Mitte 2016 in der SPÖ: Werner Faymann tritt zurück, er hatte acht Jahre vorher ebenfalls als Überflieger begonnen – zumindest in den Boulevardmedien. Christian Kern übernimmt als Parteichef und Bundeskanzler. Das Blitzlichtgewitter ist groß, die ersten Auftritte in der neuen Rolle gelingen souverän, ein Ruck geht durchs Land – so der erste Eindruck. Ein Jahr später ist es etwas ruhiger geworden um den Kanzler. Erste Kritiker melden sich zu Wort und die Arbeit in der Koalition bleibt mühsam. Im Mai 2017 zerbricht die Zusammenarbeit mit dem bisherigen Regierungspartner. Christian Kern muss seine erste Wahl bestehen und die positiven Imagewerte in Wählerstimmen umsetzen.

Inzwischen erhält Außenminister Sebastian Kurz viel Antrittsapplaus als neuer ÖVP-Chef und Kanzlerkandidat. Er krempelt die Partei um und riskiert Neuwahlen. Auch er wird mit überzogenen Erwartungen konfrontiert und daran gemessen, ob er diese erfüllen kann.

Deutschland 2017: Martin Schulz startet wie eine Rakete in den Wahlkampf, die Stimmung in der SPD war schon lange nicht mehr so gut. Ob in Talkshows und in Bierzelten – er wird als Star gefeiert. Erstmals hat Angela Merkel ernsthafte Konkurrenz. Wenige Monate und drei verlorene Landtagswahlen später ist der Trainereffekt verpufft. Es wird schwierig, eine Niederlage im Bund noch abzuwenden.

Im Wechselbad der Gefühle

Wie können Sie mit diesem Wechselbad der Gefühle so umgehen, dass Sie nicht verrückt werden? Eine einfache Antwort gibt es nicht, ein paar hilfreiche Überlegungen schon.

Es nützt nichts, Sie müssen das Auf und Ab der Medien und die Erwartungen der Leute kennen und akzeptieren. Auf jeden noch so schönen Hype folgt das Tief. Als Verantwortungsträger sind Sie Träger von Hoffnungen und Reibebaum für Enttäuschungen zugleich.

Versuchen Sie, die hohen Erwartungen zu dämpfen und beim Spiel, »A Star is born« möglichst nicht mitzumachen. Das ist schwierig. Der österreichische Kabarettist Bernhard Ludwig äußert vor seinen Auftritten gerne einen Wunsch an den Veranstalter: »Sagts bitte nicht, dass ich lustig bin, weil dann kann ich für den Rest des Abends nur mehr enttäuschen.« So einfach funktioniert es auch bei Bernhard Ludwig nicht. Gerade in der Hochphase Bescheidenheit und Understatement zu zeigen, ist dennoch ein guter Gedanke. Werden Sie nicht übermütig und nehmen Sie lieber in Kauf, vorerst ein wenig unterschätzt zu werden. Der Politikwissenschaftler und Kommunikationsberater Peter Filzmaier empfiehlt dringend, beim Spiel mit den Erwartungen nicht mitzumachen, so lange es geht. Österreichs Außenminister

Sebastian Kurz hat das lange geschafft: Während er intern Netzwerke gepflegt und Bündnisse geschmiedet hat, hat er sich öffentlich konsequent auf die Themen seines Ressorts und die Flüchtlingsfrage konzentriert. Der Vorteil bestand darin, dass er dem Wählerpublikum zweierlei vermitteln konnte: Da ist einer bescheiden im Auftreten und hält sich aus dem täglichen Parteienzank heraus. Kaum zum Parteichef und Kanzlerkandidat gekürt, ist er selbst mit hohen Erwartungen und Vorschusslorbeeren konfrontiert und muss zeigen, dass er der neuen größeren Aufgabe persönlich und inhaltlich gewachsen ist.

Bleiben Sie geerdet und in gutem Kontakt mit anderen und sich selbst, kennen Sie Ihre Fähigkeiten und Grenzen. Das Bild stammt aus dem alten Rom: Wenn der siegreiche Feldherr im Triumph in die Hauptstadt einzieht und ein Sklave ihm zuflüstert: »Respice post te, hominem te esse memento«, »Sieh dich um und bedenke, dass auch du nur ein Mensch bist!« Mensch zu bleiben und sich dazu zu bekennen. Ulrike Scheuermann, Psychologin, Bestsellerautorin und Rednerin, hat eine herrliche Formulierung parat: »Ungroßartig sein« Dieses Ungroßartig-Sein finde ich großartig! Das ist die Idee, um ordentlich Druck herauszunehmen und gleichzeitig offensiv mit dem Dilemma umzugehen!

Starke holen sich Starke an ihre Seite

Schon erwähnt, hier noch einmal: Wählen Sie Ihr persönliches Umfeld gut aus, als Machtmensch können Sie die Personen in Ihrer engeren beruflichen Umgebung selbst bestimmen. Für Ihren private Umgang gilt das ohnehin. Diese Auswahl treffen nur Sie und sie hat Auswirkungen in zweifacher Hinsicht: Wie Sie nach außen wirken, hängt stark mit den Personen zusammen, die für Sie arbeiten. Deren Image färbt auf Sie ab, Ausreden gelten nicht! Die besondere Rolle der

Menschen in Ihrem Umfeld besteht darin, gute Filter zwischen wichtig und unwichtig zu sein, die Stimmungen Ihrer Zielgruppen an Sie heranzutragen und Ihnen als Feedbackgeber und Sparringspartner zur Verfügung zu stehen. Starke Machtmenschen holen sich starke Persönlichkeiten an ihre Seite und in ihr Team, unsichere Naturen werden sich lieber mit Mitläufern umgeben.

Sie brauchen in Ihrem Team Feedback, Feedback, Feedback. Wer ist Ihr Hofnarr, der Ihnen den Spiegel vorhalten darf, ohne dafür bestraft zu werden? Wo sind die Menschen, die Sie durch Höhen und Tiefen einer Topkarriere begleiten? Nur so verkraften Sie übertriebene Vorschusslorbeeren gleich gut wie die späteren Phasen harter Kritik.

22. Schnelle Erfolge und langfristige Strategie

Im Interview mit Monika Kircher sprach ich von zwei verschiedenen Welten, in denen sich die Topleute von Politik und Wirtschaft bewegen müssen. Ich meinte den Widerspruch zwischen der Realität der täglichen Arbeit und der Welt der Medien. Der spontane Einwand: »Ich hätte jetzt als zweite Welt die Strategiewelt erwartet, also die langfristige gestalterische Welt neben der täglichen operativen.« Ja, dieses Gegensatzpaar hätte ich fast übersehen. Ich bin zwar schon darauf eingegangen, wie wichtig es ist, sich ambitionierte Ziele zu setzen und diesen zu folgen. Ein zweiter Blick aus einem anderen Winkel lohnt sich allemal.

Typisch für die Politik sind regelmäßige Wahltermine. Unabhängig von jeder noch so großartigen Strategie kommt die von den Wählern geliehene Macht alle paar Jahre auf den Prüfstand. Wird Ihr Mandat verlängert oder wird es einem anderen übertragen? Typischerweise müssen Sie nicht nur auf jene Wahltermine Rücksicht nehmen, bei denen Sie selbst kandidieren, sondern darauf, wenn sich Ihre Partei anderswo im Wettbewerb befindet. Schließlich wollen Sie Ihre Partner und Begleiter nicht dadurch schädigen, dass Sie zur Unzeit drastische Maßnahmen bekanntgeben.

In den Augen des Publikums liest sich das so: »Politiker schauen eh nur auf die nächsten Wahlen und ihren Machterhalt, statt die Interessen der Bürger in den Mittelpunkt zu stellen.« In der Theorie wird von Ihnen erwartet, immer und überall unabhängig von Wahlterminen für das Gemeinwohl zu arbeiten. In der Praxis hingegen sind schon einige aus ihren Ämtern gejagt worden, die genau das versucht haben. Was nun? Auf Wahltermine schielen oder das große Ganze beachten und mit Anstand und Würde untergehen?

Der kleine Machiavelli

Sie glauben, das ist nur in der Politik so? Da empfehle ich Ihnen gerne eines meiner Lieblingsbücher: »Der kleine Machiavelli« In diesem Handbuch der Macht für den alltäglichen Gebrauch wird das Agieren von Managern pointiert aufs Korn genommen. Die Wirtschaft kennt zwar keine Wahltermine, doch es gibt Hauptversammlungen und Börsentermine, Ratings, Jahresbilanzen, Stichtage, an denen sich die Erfolgsprämien der Manager orientieren. Manchmal steht auch die Verlängerung oder Nicht-Verlängerung von Vorstandsverträgen auf der Tagesordnung. Diese »Nebengeräusche« an der Spitze eines Unternehmens zu missachten, könnte für Ihr weiteres Fortkommen äußerst kontraproduktiv sein. Nicht immer werden Sie Dividendenkürzungen, Gewinneinbrüche oder Entlassungen in Kauf nehmen können, um langfristig als gesundes Unternehmen gut aufgestellt zu sein.

Die Schwierigkeit besteht darin, dass wir Menschen nicht gut darin sind, kurzfristige Schmerzen und Einschränkungen in Kauf zu nehmen, um in der Zukunft die Vorteile genießen zu können. Das beginnt beim täglichen Griff zur Schokolade – ich weiß, wovon ich spreche – und endet bei der Fähigkeit, verantwortungsvoll mit eigenen und fremden Ressourcen umzugehen.

Balanceakt auf dem Drahtseil

Wie kann der Seiltanz trotzdem gelingen? Machtmenschen ohne Macht empfehle ich nicht zur Nachahmung. Mit Anstand, Ehre und unverstanden aus einer Topposition auszuscheiden, mag im Einzelfall richtig sein. Um im umfassenden Sinn Verantwortung zu übernehmen, ist Durchhalten besser. Im letzten Kapitel habe ich geschildert, wie Sie Ihr Ziel im Auge behalten können, das gilt erst recht für Ihre langfristige Strategie.

In manchen Phasen steuern Sie voll Konzentration und mit hohem Tempo auf ein Ziel zu. Das hält aber niemand auf Dauer und ohne Unterbrechung aus. Auf der Erfolgswelle immer oben zu schwimmen, in jeder Phase Markt- und Meinungsführer zu sein, funktioniert nicht. Sie brauchen Zeiten, zu denen Sie innehalten, Ihre Säge schärfen und nachdenken können, ob Sie richtigliegen oder ob Sie Ihren Kurs neu ausrichten müssen. Die gute Nachricht: Auch Ihr Publikum, Ihre Stakeholder, Ihre Mitarbeiterinnen und Partner haben solche Verschnaufpausen nötig. Dauerdruck und Dauerpräsenz nutzen sich ab und gehen auf Kosten der Wirkung. Weniger ist mehr. Wie bei einer guten Rede braucht es stark betonte und leiser gesprochene Passagen und vor allem Pausen. Glaubt man dem Wirtschafts-Stimmcoach Arno Fischbacher, findet Verstehen überhaupt nur in den Pausen statt. Gönnen Sie sich und anderen solche Pausen! Spannung und Entspannung zu meistern, hilft in vielen Lebensbereichen – auch beim Wechselspiel zwischen den täglichen Aufgaben und der Konzentration auf die Zukunft. Das bedeutet Urlaub und Rückzug zuzulassen, sich aus dem aufreibenden Wettbewerb bewusst herauszunehmen und Auszeiten einzubauen – zum Nachdenken, für die Familie und vor allem für sich selbst.

Gut mit dem Widerspruch zwischen Heute und Morgen umzugehen, heißt viel zu kommunizieren. Je mehr Ihre Dialogpartner wissen, wie Ihre langfristige Strategie aussieht und was Sie dafür gerade leisten, desto besser für Sie. Das ständige und mühsame Erklären wirkt positiv nach außen und nach innen. Am Ende dient es vor allem Ihnen selbst als Kompass in Ihrer Führungsrolle. Sie können Gespräche führen, telefonieren, eigene Medien oder Social Media nützen, die Form ist unwichtig. Wichtig ist, dass Sie andere an Ihren Überlegungen teilhaben lassen.

Ihre Aufgabe erfordert sowohl eine langfristige Strategie als auch erkennbare Meilensteine, kurzfristige Entscheidungen und Erfolge. Meilensteine sind besonders wichtig – wie beim Bergsteigen: Anmarsch, Einstieg, Überschreiten der Baumgrenze, Erreichen der Hütte und schließlich der Weg auf den Gipfel. Zerlegen Sie große Vorhaben in überschaubare Etappen! Dazu Monika Kircher: »In der Politik ist es genauso wie in einem großen Industrieunternehmen extrem wichtig, strategisch zu agieren. Zuerst zu wissen, wo will ich langfristig hin, wo unterscheide ich mich von anderen, wo sind die Stärken und wo gibt es Bedrohungen? Auf dieser Basis erst kann ich dann aus mehreren Optionen möglichst belastbare kurzfristige Entscheidungen treffen.«

23. Widersprüche meistern

Wo gehen oder gingen Menschen in einer Spitzenposition gut mit Widersprüchen um, wo finde ich Personen, die sich in mehreren Welten gleichzeitig optimal bewegen? Ich habe mir Biografien angeschaut, in denen Menschen mit Widersprüchen konfrontiert waren und sich ständig mit wechselnden Gegebenheiten auseinanderzusetzen hatten.

Never, never, never give up

Winston Churchill war eine extrem widersprüchliche Persönlichkeit und doch einer der größten Staatsmänner des letzten Jahrhunderts. Er gibt uns bis heute Stoff für Geschichten, Vergleiche und Anekdoten, für Verehrung und Hass gleichermaßen. Kriegszeiten bringen es mit sich, Helden und große Sieger auf der einen Seite und unglückliche Verlierer auf der anderen Seite hervorzubringen – erkennbar erst im Urteil der Nachwelt.

Winston Churchill war Konservativer, Liberaler, überzeugter Sozialreformer und später wieder konservativer Imperialist. Er machte sich für Aufrüstung und moderne Waffensysteme wie Panzer und Flugzeuge ebenso stark wie für den entschlossenen Widerstand gegen Hitlers Vormarsch und die Herrschaft der Nationalsozialisten in Europa. Seiner Hartnäckigkeit und Unbeugsamkeit ist es zu verdanken, dass im entscheidenden Jahr 1940 Großbritannien nicht ebenfalls von deutschen Truppen überrannt werden konnte. Durchhalteparolen, seine »Never give Up«-Rede, das Victory-Zeichen und Flächenbombardements auf deutsche Städte bleiben mit ihm verbunden. Aber auch ein freies Westeuropa, die Initiative zur Gründung der UNO und der späteren Europäischen Union tragen seine Handschrift. Kriegsherr und Friedenspolitiker in einer Person, aus einer Adelsfamilie stammend und gleichzeitig Vorkämpfer für einfache Menschen, streitbarer Politiker und Nobelpreisträger für Literatur – das alles vereint er in seiner Person.

Besondere Zeiten sind eine gute Bühne für besondere Persönlichkeiten, für wechselvolle politische Karrieren voller Niederlagen und Comebacks. Mehrmals abgeschrieben, schaffte Churchill manche Rückkehr an die Spitze. Jahre der erzwungenen inneren Emigration, Verlust aller Ämter und die entschlossene Übernahme von Verantwortung in entscheidenden Phasen der Geschichte wechselten sich ab. Ein Machtmensch kann so widersprüchlich, so fehlerhaft und so unkalkulierbar sein wie Winston Churchill. Er war Kind seiner Zeit und hatte ihr doch seinen Stempel aufgedrückt. Bis heute gibt es viele Gründe, sich vor seinem Lebenswerk zu verneigen.

Zuckerwasser verkaufen oder die Welt verändern?

Über Steve Jobs ist so viel geschrieben worden, bis heute existieren Videos und Auszüge seiner Reden und vor allem gibt es die beeindruckende Biografie von Walter Isaacson. Die nahezu kultische Verehrung mancher Apple-Fans ist nicht meine Sache. Ich sehe die geschlossene Welt von Apple kritisch, und vieles davon geht direkt auf den Firmengründer Steve Jobs zurück. Doch die beiden Steves, Steve Wozniak und Steve Jobs, haben in ihrer Garage eines der erfolgreichsten Unternehmen der Geschichte gegründet. Mit Ihren Produkten und Ideen waren sie der Konkurrenz stets weit voraus. Mit Steve Jobs hat eine Erfolgsstory begonnen, die unsere Gesellschaft bis heute verändert. Das war auch sein Anspruch, als er John Sculley von Pepsi zum Wechsel zu Apple überredete: »Wollen Sie den Rest Ihres Lebens Zuckerwasser verkaufen oder die Chance haben, die Welt zu verändern?«

Ein Machtkampf mit demselben John Sculley führte drei

Jahre später dazu, dass Steve Jobs das Unternehmen verlassen musste. Steve Jobs stand nicht nur für Innovation und geniales Marketing, sondern hatte auch extreme Niederlagen zu verkraften. Dass er für Jahre aus seinem eigenen Unternehmen ausgeschlossen war, wird gerne vergessen. Dass ihn mit Bill Gates einmal gute Zusammenarbeit, später harte Konkurrenz und dann wieder gemeinsame Projekte verbunden haben, ist nur eine Facette von vielen. Steve Jobs konnte begeistern und gewann interessante Personen als Partner, mit denen er sich später wieder wild überwarf und in Bitterkeit trennte. Applaus und Buhrufe, Reichtum und Börsenabsturz, Buhmann und Retter, Überflieger und doch nur ein Mensch mit vielen Schwächen. Kein Wunder, dass Steve Jobs noch Jahre nach seinem frühen Krebstod Menschen inspiriert, die Fantasie beflügelt und zur Nachahmung anregt. Er wollte eine »Delle ins Universum schlagen«, das hat er vielleicht nicht ganz geschafft und doch hat er Spuren hinterlassen, die bleiben.

Wir brauchen Visionäre statt Karrieristen

Björn Engholm ist anders. Er stammt aus Lübeck, dem Norden Deutschlands, und das findet er gut so. Er mag diesen Menschenschlag dort, wo er herkommt, wo man im Alltag mit wenigen Worten auskommt. Obwohl selber eloquent, schätzt er das immer noch höher als die typische »Geschwätzigkeit des Südens«. Diese ist ihm oft zuwider – und er meint damit nicht nur die Einwohner Südeuropas. Björn Engholm war unter anderem zwei Jahre lang Bildungsminister im letzten Kabinett von Helmut Schmidt, schmunzelnd meint er dazu: »Ich diente unter Schmidt. Von ihm konnte man lernen, was regieren bedeutet. Wer der Chef war, war allerdings klar.« Gleichzeitig war er geschätzter »Enkel« und Freund von Willy Brandt, auch das Parteiurgestein Herbert

Wehner hatte Gefallen an ihm gefunden. »Als Kind der 50er Jahre wollte ich die Welt verändern. Angefangen mit unserem Land, das gerechter, fröhlicher und menschlicher werden sollte. In meinem Fall ist uns da bei Bildung und Kultur doch einiges gelungen. Jeder politischen Karriere sollte ein großes Leitthema, ein Ziel, eine Vision zu Grunde liegen – und nicht das Streben nach Macht oder einem Amt.«

In seiner Heimat Schleswig-Holstein trat er gleich viermal zu Wahlen an, zweimal schaffte er es nicht an die Spitze, zweimal erreichte er die absolute Mehrheit. Eigentlich war es logisch, dass er Anfang der 1990er Jahre als Politiker neuen Typs rasch an die Spitze kam und als Kanzlerkandidat seiner sozialdemokratischen Partei aufgestellt wurde. Ein schöner Wahlerfolg auf Bundesebene und ein Machtwechsel zugunsten der SPD schienen zum Greifen nahe. Es ist anders gekommen, nach einer Zeugenaussage in der »Barschel-Affäre« ist Björn Engholm 1993 von allen politischen Ämtern zurückgetreten – Privatmann statt Bundeskanzler.

Auch mehr als zwanzig Jahre nach seinem unfreiwilligen Ausscheiden engagiert er sich für Bildung und Kultur und für eine enge Zusammenarbeit der Länder im Ostseeraum. Für einen Fehler hat er einen stolzen Preis gezahlt: »Damit muss man in einer Spitzenposition leben, ich bin ja nicht der Einzige, den es mal so richtig erwischt hat. Nach einem Abstieg ist die Grundfrage doch, kann man zu sich selbst stehen oder nicht? Ein Schweizer Philosoph hat das einmal vitale Identität genannt. Was immer passiert, achte darauf, dass du nicht auch noch anfängst, dich selbst nicht mehr zu mögen. Überzeugt sein, auch wenn man einen Fehler gemacht hat, ist die Chance, aus einer schwierigen Situation wieder etwas Neues zu machen, wieder etwas zu verändern.«

24. Spielregeln für den Weg an die Spitze

- Führen bedeutet immer auch, mit zahlreichen Widersprüchen fertig zu werden und sich nicht nur gedanklich in unterschiedlichen Welten bewegen zu müssen.

- Die Gesetzmäßigkeiten und Wirkungsweise der Medien zu kennen, ist nur ein erster Schritt, der manches böse Erwachen vermeiden hilft.

- Macht wirkt oft wie eine Droge – mit allen damit verbundenen Nebenwirkungen. Schon frühzeitig zwischen Funktion und der eigenen Person zu unterscheiden, erspart oder reduziert später Entzugserscheinungen.

- Das eigene berufliche Umfeld sorgfältig auszuwählen und zu gestalten ist ein ganz wesentlicher Erfolgsfaktor. Ihre Mitarbeiterinnen sollten fachlich und charakterlich höchsten Anforderungen entsprechen.

- Mit Bescheidenheit und Understatement im rechten Augenblick liegen Sie nur selten daneben. Das erleichtert es auch, »ungroßartig« zu sein und dazu stehen zu können.

- Sie sollten gut mit Phasen der Spannung und Entspannung umgehen können, wenn Sie in einer Führungsposition und nicht nur dort lange bestehen wollen.

- Achten Sie darauf, kurzfristige Erfolge und langfristige Ziele gleichermaßen anzustreben. Beides ist wichtig und sollte darüber hinaus stets gut kommuniziert werden.

KAPITEL 5
Frauen und Männer – Unterschiede akzeptieren und nutzen

25. Frauen und Macht ist schwierig

Wenn ein Mann über die unterschiedlichen Zugänge von Frauen und Männern zur Macht schreibt, dürften die Erwartungen der Leserinnen vorerst bescheiden sein. Mir ist bewusst, dass dieser Teil des Buches sehr spannend sein kann und mich gleichzeitig womöglich schneller auf das Glatteis führen könnte, als ich mir das eben noch gedacht habe. Über Frauen und Männer in Führungspositionen ist schon vieles gesagt worden – Kluges und weniger Kluges. Das reicht für ein eigenes Buch mit Fortsetzungen. Frauen und Macht ist schwierig. Ein Buch über Machtmenschen muss sich mit den Unterschieden zwischen den Geschlechtern auseinandersetzen. Eine ausschließlich männliche Sichtweise zu wählen, tut beim Thema Macht nie gut. Ich werde hier nicht den einzig zulässigen Überblick anbieten, diesen Absolutheitsanspruch hat das Buch nicht. Allerdings spreche ich mit dem Hintergrund von über 20 Jahren Erfahrung mit Frauen in Spitzenpositionen – als Partner in der Politik, als Coach und als Führungskraft. Beim Zugang zu Macht hört sich zwischen Frauen und Männern der Spaß auf. Zu groß sind die Unterschiede, wie mir erst während meines Studiums in den 1980er Jahren bewusst wurde. Männer dominierten in der Bundesregierung, in den Parteien, in Gewerkschaften und erst recht an der Spitze der Unternehmen. Das ist oft auch heute noch so, doch die Forderungen, das zu ändern, gab es schon lange. Alice Schwarzer war uns ein Begriff, wir kannten Johanna Dohnal, die Ikone der österreichischen Frauenbewegung – zuerst als Staatssekretärin und später als Frauenministerin. Diese profilierten Frauen polarisierten stark und nicht nur unter Männern. Sie wollten tatsächlich die Hälfte der Macht, waren die überhaupt ausreichend qualifiziert? Wer sollte diesen Frauen wählen? Oder wer würde sich von einer Frau führen lassen?

Die Leiterin der Rechtsabteilung eines deutschen Unternehmens kam als Gastvortragende ins Seminar »Arbeitsrecht und Frauen« an der Rechtswissenschaftlichen Fakultät. Nach juristischen Ausführungen folgte ihr wichtigster Tipp an Frauen: »Bitte greifen Sie nie und niemals eine Schreibmaschine an! Ist bei männlichen Chefs die Sekretärin krank, wird für Ersatz gesorgt. Wir Frauen meinen es gut und finden, für die paar Tage können wir auch kurz mal selber schreiben. Sie werden nie mehr Ersatz bekommen und irgendwann auch keine Sekretärin mehr haben!« Die Schreibmaschine hat zwar inzwischen ausgedient, aber dass es beim Führen auch um Symbolik und um Rituale geht, stimmt bis heute. Wenn Sie Macht ausüben, sollten Sie aufpassen, nicht Ihre Position im Unternehmen aus falsch verstandener Hilfsbereitschaft zu untergraben.

Eine Frau als Lokomotivführer?

Ernüchternd auch der Diskussionsbeitrag einer älteren Seminarteilnehmerin, die gehört hatte, dass bei der Deutschen Bahn neuerdings sogar Frauen im Lokomotivführerstand sitzen würden. Sie hätte nichts gegen Frauen in Führungspositionen, meinte die Dame, sie würde nur gerne rechtzeitig erfahren, wenn ein Zug von einer Frau gesteuert werde, damit sie sich eine andere Verbindung suchen könne.

Später habe ich als Leiter einer politischen Akademie das Ausbildungsangebot modernisiert. Wir haben mehr Frauen als Trainerinnen und Vortragende eingesetzt, verstärkt Angebote für Frauen ins Programm genommen und Frauen ermuntert, attraktive Ausbildungsschienen für Toppositionen in der Politik wahrzunehmen. Manche Teilnehmerin von damals habe ich später als Politikerin wiedergetroffen. Manche sind an der männlichen und weiblichen Konkurrenz oder an sich selbst gescheitert. Bei Frauen wird schnell bezweifelt, ob sie für die erste Reihe geschaffen sind und tatsächlich Verantwortung übernehmen wollen. Männern werden solche Grundsatzfragen nicht gestellt, obwohl das bei einigen angebracht wäre.

Oft haben sich männliche Entscheider darüber beklagt, dass sie »mit der Laterne« nach Frauen für die Politik suchen würden, es aber äußerst schwierig sei, geeignete Kandidatinnen zu finden. Über die tatsächliche Intensität dieser Suche habe ich bis heute meine Zweifel!

Wie erwähnt leitete ich den Stab eines weiblichen Regierungsmitglieds. Harte Angriffe von außen, Konkurrenz in der eigenen Partei, Aufstieg zur Parteichefin, entschlossenes Handeln und ein konsequenter Rücktritt, als es genug war – fast alles habe ich aus der Nähe erlebt, manches mitgestaltet und vor allem viel gelernt.

Diese persönlichen Erfahrungen prägen meine Sicht auf Frauen in Machtpositionen. Das ist nur ein kleiner Ausschnitt, doch einige Schlussfolgerungen lassen sich dennoch daraus ableiten.

Alles doppelt so gut machen

Ticken Frauen und Männer wirklich anders? Einige unterhaltsame und nicht ganz ernst gemeinte Ratgeber deuten darauf hin: »Warum Frauen nicht einparken und Männer nicht zuhören können« oder »Männer sind anders. Frauen auch.« Konkreter wird Ute Ehrhardt mit »Gute Mädchen kommen in den Himmel, böse überall hin«. Die Fortsetzung des Bestsellers »Und jeden Tag ein bisschen böser« gibt Frauen weitere praktische Tipps zu Karriere, Macht und Erfolg. Geht es also darum, »böse« zu sein?

Da finde ich die Analyse von Charlotte Whitton schon besser: »Frauen müssen alles doppelt so gut machen wie Männer, damit sie halb so gut beurteilt werden. Zum Glück ist das nicht schwierig.«

26. Sind Frauen besser?

Die Fakten sprechen für sich: Frauen neigen kaum zu Aggressionen und Gewaltexzessen, verursachen und führen keine Kriege und bemühen sich um Ausgleich. Die wenigen Ausnahmen in der Geschichte der Menschheit erschüttern dieses Bild nicht nachhaltig. Sämtliche Formen von Terrorismus tragen fast ausschließlich eine männliche Handschrift. Nicht nur die letzte große Börsen- und Wirtschaftskrise war ein typischer Ausfluss männlichen Imponiergehabes und männlicher Gier. Sind Frauen die besseren Menschen?

Frauen treffen bessere Entscheidungen und handeln verantwortungsvoller, wenn man sie nur lässt. Daraus den

Schluss zu ziehen, dass Frauen generell die besseren Führungskräfte sind, halte ich für voreilig, zu wenige seriöse Untersuchungen bestätigen das. Schließlich hat Führen viele verschiedene Facetten, das Geschlecht der Person an der Spitze ist nur eine davon. Ein höherer Frauenanteil in Aufsichtsräten und in Vorständen tut den betroffenen Unternehmen gut, das wurde schon mehrfach untersucht und die wichtigsten Kennzahlen sprechen dafür.

Einen anderen Zugang wählt die Wiener Coach-Kollegin Christine Bauer-Jelinek: Laut »Die helle und die dunkle Seite der Macht« herrscht in Business und Management scharfer Wettbewerb und damit Krieg – in einer modernen Form. Die harten Spielregeln gelten nicht nur für Frauen, sondern auch für Männer und sind für beide belastend, die Luft ist dünn an der Spitze. Wenn Männer das aushalten müssen, dann sollten Frauen keine Sonderregeln für sich beanspruchen, sonst werden sie nie vorne mitspielen und ernstgenommen. Mit dieser Kriegs-Metapher fange ich wenig an, sie bringt uns nicht weiter.

Solidarität unter Frauen

Immerhin bilden Frauen mehr als die Hälfte der Gesellschaft und sind bei der akademischen Ausbildung Männern deutlich überlegen. Ein bisschen mehr Solidarität und Zusammenhalt unter Frauen – und niemand könnte sie aufhalten!? Dieses schöne Bild habe ich in den letzten 25 Jahren meiner Berufstätigkeit nur selten erlebt.

Wenn Frauen in Führungspositionen dennoch zusammenhalten, gibt es ein weiteres Problem, auf das Marion Knaths in »Spiele mit der Macht« hinweist: In männlich dominierten Hierarchien geht es um die richtige Position in der «Hackordnung«. Wenn in einem solchen Gefüge die Frau auf Position Nummer 10 Solidarität mit der Kollegin auf Position Nummer 5 übt, kümmert das die Männer auf den Plätzen 1, 2 und 3 wenig. Die wichtigen Entscheidungen stimmen die »Jungs« immer noch ausschließlich untereinander und im kleinen Kreis ab, Frauensolidarität bleibt wirkungslos oder findet ohnehin nicht statt. Um Frauen in Schlüsselpositionen zu bringen und zu halten, taugt sie daher nur bedingt.

Von Frauen und Männern kritischer beurteilt

Wie sieht es in der Öffentlichkeit aus? Astrid Zimmermann findet klare Worte: »Es ist eine Tatsache, dass Frauen auf der öffentlichen Bühne wesentlich kritischer betrachtet werden – und zwar von Männern und Frauen.« Das beginnt bei Kleidung, Frisur und anderen Äußerlichkeiten. Frauen werden in einem Ausmaß taxiert und bewertet, wie wir bei Männern das nur dann tun, wenn sie völlig aus der Rolle fallen. Ehrgeiz, Zielstrebigkeit und Konfliktfreude finden wir bei Männern attraktiv, während dieselben Verhaltensweisen bei Frauen als unsympathisch abgelehnt werden. Klare und harte Entscheidungen von Männern schätzen wir als Leadership. Tun Frauen dasselbe, gelten sie als »eiskalt«. Frauen in Führungspositionen scheitern nicht nur an männlicher Konkurrenz, sondern auch an der harten Kritik anderer Frauen. Diese kritische Haltung führt dazu, dass Frauen sich weniger zutrauen und irgendwann dieser Bewertung nicht mehr aussetzen wollen. Frauen stellen auch an sich selbst höhere Anforderungen, als das Männer je bei sich tun würden. Als Coach weiß ich, wie hart Frauen an sich arbeiten und trotzdem noch von Selbstzweifeln geplagt werden.

Nicht nur bei Wahlen sehen wir, dass Journalistinnen für ihre kritische Berichterstattung in den sozialen Netzwerken härter attackiert werden als ihre männlichen Kollegen – rüpelhaft und oft unter der Gürtellinie. Die Hemmschwelle ist deutlich niedriger. Auf den Stammtischen war das immer schon so, Social Media garantieren heute die Verbreitung in Windeseile und wirken als Brandbeschleuniger. Wie mit Angela Merkel im Vergleich zu männlichen Spitzenpolitikern umgegangen wurde und wird, ist bekannt: In der Flüchtlingsfrage ernteten viele Regierende Kritik, die deutsche Bundeskanzlerin hingegen wurde zur Wurzel allen Übels erklärt – mehr noch als das jahrelange Wegschauen anderer, die brutalen Bürgerkriege oder die Trostlosigkeit in Afrika. Zuvor hat sich schon in der Griechenlandkrise die Wut der Betroffenen in erster Linie gegen Angela Merkel gerichtet, obwohl weitere Politiker und Institutionen ähnliche Positionen vertraten.

Frauen haben nicht nur den subjektiven Eindruck, dass an sie höhere Maßstäbe gelegt werden als an die Herren der Schöpfung. Und sie sind zusätzlich mit offenem oder verstecktem Sexismus konfrontiert, Sie werden wegen ihres Geschlechts abqualifiziert und kleingemacht: in der Werbung, in der Sprache und im täglichen Umgang. Spätestens wenn gute Argumente fehlen, wirkt eine herabwürdigende Äußerung zum Geschlecht immer noch Wunder. Das weibliche Gegenüber kommt aus dem Tritt und wird verunsichert. Umgekehrt kennen wir Männer das nicht und wissen oft nicht einmal, was Sexismus ist. Für viele Frauen ist diese Form der Diskriminierung hingegen nahezu Alltag – unabhängig davon, ob sie führen oder nicht.

Die Teilzeitfalle

Alice Schwarzer, Feministin, Aktivistin, streitbare Journalistin und Ikone der Frauenbewegung benennt in »Die Antwort« ein weiteres Thema: »Bis zum Alter von 29 Jahren sind auch Frauen in Deutschland in Führungspositionen stark vertreten – danach sinkt ihr Anteil rapide. Und nur jede dritte weibliche Führungskraft ist Mutter.« Frauener-werbsarbeit ist heute nicht mehr verpönt wie noch in den 1970-er Jahren, sie ist auch keine Nebenbeschäftigung zu Familie und Haushalt, sondern schon aus finanziellen Grün-den Normalität. Doch jetzt schnappt die Teilzeitfalle zu, weil die Teilzeitarbeit nach Geschlecht einseitig verteilt ist – mit lebenslangen Folgen für die Frau: schlechtere Jobs, geringere Aufstiegsmöglichkeiten und am Ende eine niedrigere Rente.

Alice Schwarzer hat es beschrieben, meine Frau und ich haben es erlebt. Wir kennen uns seit unserem gemeinsamen Engagement in der Studentenbewegung, schlossen unser Studium gleichzeitig ab und unsere Karriere verlief bis zum 30. Lebensjahr fast synchron. Ich hatte zwar den besseren Job aber noch keine Führungsfunktion. Nach der Geburt un-serer Söhne blieb meine Frau drei Jahre zu Hause, hat später in Teilzeitarbeit in der Schule den Wiedereinstieg geschafft, während ich weitere Karriereschritte machte, Netzwerke knüpfte und Persönlichkeiten kennenlernte, von denen ich bis heute profitiere. Inzwischen ist Margit Direktorin einer großen Schule und trägt hohe Verantwortung, meine Füh-rungsspanne ist deutlich geringer. Beim Einkommen ist es umgekehrt, ich liege deutlich vorne und denke immer noch, dass ich ein halbwegs moderner Mann bin.

Unterschiede im Gehirn?

Die Marketingexpertin und Bestsellerautorin Anne M. Schüller saß früher mit elf Männern in der Geschäftsleitung eines internationalen Konzerns und stellt heute fest, dass Frauen im Durchschnitt anders denken, fühlen und entschei-den als Männer und auch anders geführt werden müssen, um Spitzenleistungen zu erbringen. Sie weiß, das Thema ist heikel und polarisiert, meint jedoch, dass wir uns der The-matik mit Wissen nähern sollten – mit jenem aus der modernen Hirnforschung. Einige wesentliche Unterschiede hat sie herausgearbeitet: Männer werden von Leistungsmotiven, Frauen von Sozialmotiven bewegt. Wenn Männer finden, »Ich pack das (allein)«, meinen Frauen eher »Wir stehen das (zusammen) durch!«. Männer sind auf Sieg und Anerkennung aus, Frauen möchten einen Beitrag zum Ganzen leisten. Bei Fehlern wechseln Männer rasch zum Wir, Frauen suchen die Ursache beim Ich. Bei Erfolgen ist es umgekehrt: Männer betonen ihren eigenen Beitrag, Frauen sehen die Leistung des Teams. Männern geht es schon im Knabenalter um ihre Position in der Hackordnung und um Konkurrenz, Frauen orientieren sich am Gelingen in der Sache, die Position spielt eine untergeordnete Rolle. Männer möchten sich durchsetzen, Frauen mit dem kompletten Team am Ziel ankommen.

Sie möchten diese Gegensatzpaare nicht so stehen lassen? Ich auch nicht. Trotz aller Hinweise auf die Hirnforschung wird die Beschreibung nicht immer zutreffen, die pointierte Zuspitzung finde ich trotzdem anregend – und zwar für Machtmenschen beider Geschlechter. Ebenso stimme ich der Autorin in ihrer Analyse zu, dass weibliches Tun nicht besser oder schlechter, sondern anders ist. »Mixed-Leadership braucht keine Quote, sie ist ein Muss! Doch dafür müssen die ›Spielregeln der Macht‹ überdacht und angepasst werden. Frauen sind (sich) viel zu schade, um im Menschenschach verheizt zu werden.«

27. Was Frauen anders machen könnten

Die männlich dominierten Hierarchien unserer Gesellschaft wirken sich regelmäßig so aus, dass Frauen zu oft auf der Strecke bleiben. Auf den ersten Blick haben Männer ein unkompliziertes und weniger verkrampftes Verhältnis zur

Macht als Frauen. Zur Not erkämpfen sie sich mit dem Ellbogen rasch ihren Platz in der Hackordnung. Frauen sind »vornehmer« – zu ihrem Nachteil. Allerdings sollten Machtmenschen der Zukunft etwa zur Hälfte Frauen sein und darauf nicht noch Jahrzehnte oder Jahrhunderte warten müssen. Was lässt sich ändern? Als Coach erkläre ich meinen Kundinnen nicht von oben herab die Welt, die Coach-Rolle besteht vielmehr darin, eine anregende Umgebung für persönliche Veränderungen zu sein, Dinge anzusprechen, die zuerst unbequem sind, und Beispiele nennen, wie es gelingen könnte. Einige Frauen können zu dieser Diskussion wertvolle Tipps beisteuern.

Freude an erfolgreichen Frauen haben

Zuerst wieder Alice Schwarzer: »Die Klagen erfolgreicher Frauen, dass Konkurrentinnen oder weibliche Untergebene noch neidischer reagieren als Kollegen, häufen sich verdächtig. Offensichtlich sind Frauen es gewohnt, dass Männer bevorzugt werden oder über ihnen stehen. Haben sie jedoch eine Frau über sich, werden viele Frauen plötzlich aufmüpfig, so nach dem Motto: Warum die und nicht ich?! Was weder realistisch noch fair oder hilfreich ist.« Die Schlussfolgerung: »Frauen müssen lernen, Freude an erfolgreichen Frauen zu haben, sie zum Vorbild zu nehmen. Und sie sollten sich mit anderen Frauen verbünden, selbst bei Interessensgegensätzen. In dem Punkt können Frauen viel von Männern lernen.« Eine prominente Feministin schlägt vor, hier ausnahmsweise an den Männern Maß zu nehmen – ein sportlicher Ansatz!

»Frauen sprechen wohl gerne von Netzwerken, am Ende kochen sie erst wieder im eigenen Saft, um sich darin zu bestärken, wie benachteiligt sie sind«, habe ich zu Astrid Zimmermann gemeint. Männer reden nicht groß darüber und verstehen sich oft blind und instinktiv, ohne viel Aufhebens darum zu machen. Die Antwort kam prompt: »Männer haben beim Netzwerken und bei Machtbünden einige Jahrhunderte Vorsprung, ebenso im Ausüben von Machtpositionen. Dieses Wissen stammt aus einer Zeit, als Frauen von Berufstätigkeit und vom öffentlichen Leben überhaupt ausgeschlossen waren. Darüber kann man nicht einfach hinweggehen. Allerdings tendieren Frauen nach Untersuchungen stärker dazu, gleichartige Netzwerke zu suchen und dort anzudocken, wo sie in ihrer Haltung Bestätigung und Unterstützung finden.«

Heterogene Netzwerke bilden

Bilden Sie tragfähige heterogene Netzwerke, solche mit Männern und sogar mit Menschen, zu denen Sie in Konkurrenz stehen. Vermutlich sind Männer besser auf Konkurrenz trainiert als Frauen, die damit schwerer umgehen können. Astrid Zimmermann nennt den Fußball: Zuerst wird hart gekämpft und nachher gibt man sich wieder die Hand. Das hat etwas Sportliches und funktioniert eleganter als jede Mauschelei. Frauen fehlt in Netzwerken auch manchmal das Bewusstsein, dass sie etwas abholen können, wenn sie zuvor etwas gegeben haben. »Sie haben etwas gut bei mir« sollten Sie nicht bloß als dahingesagte Höflichkeitsfloskel nehmen, sondern bei Gelegenheit auch darauf zurückkommen! So funktionieren Netzwerke.

Die Symbole der Macht nützen

Setzen Sie sich als Frau mit den Ritualen in Ihrer Organisation auseinander: Wie laufen Meetings ab, wie werden Veränderungen kommuniziert, wie wird mit Partnern umgegangen? Wie werden Entscheidungen der Chefin nach außen getragen? Wie schauen die Symbole der Macht in der Topposition aus? Viele dieser typischen »Begleitgeräusche« dienen in erster Linie männlicher Eitelkeit und dem Markieren der Position: eine Sekretärin, die niemanden durchlässt, der Dienstwagen, ein geräumiges Büro mit dem größten Schreibtisch und für jedes Gespräch ein Setting, das unmissverständlich Macht demonstriert. Trotzdem gehen Frauen etwas zu leichtfertig damit um und fallen ins andere Extrem. Wenn sie es nach oben geschafft haben, möchten sie für andere immer noch ein angenehmer Mensch und die nette Kollegin von nebenan bleiben – fast als ob sie ein schlechtes Gewissen hätten! Das steht für mich nicht im Vordergrund.

Ich erwarte mir von einer Chefin, dass ich zu ihr aufschauen kann, dass sie Motivation, Kompetenz und Sicherheit vermittelt. Ich wünsche mir, dass sie ein Ziel hat, darüber spricht und dieses mit dem Team umsetzt. Das hindert sie nicht daran, Frau zu sein und Mensch zu bleiben.

Selbstverständlich können Sie das kleinere Büro nehmen, statt dem Firmenwagen das Fahrrad benützen und die Leute an ihrem Arbeitsplatz aufsuchen, wenn Sie mit ihnen sprechen wollen. Aber setzen Sie diese Ausnahmen vom gewohnten Ritual bewusst ein und nicht zufällig. Wenn Sie Signale aussenden möchten, tun Sie es! Doch nehmen Sie nicht unabsichtlich Wirkung aus Ihrem Führungshandeln heraus. Nützen Sie Rituale und definieren Sie eigene neue für Ihre Person! »Führung braucht Rituale« nennt Dorothee Echter ihr Buch. Rituale beeinflussen Stimmungen und geben Orientierung, das ist Aufgabe der Frau an der Spitze.

Wie Frauen sich durchsetzen

Was Frauen anders machen und wie Frauen sich durchsetzen könnten, beschreibt auch Marion Knaths und gibt dazu ein paar praktische Tipps:

- Wollen Sie auf sich aufmerksam machen, sollten Sie in einer Gruppe immer in Richtung der Spitzenperson agieren, auch wenn das Konflikte mit sich bringt.
- Nehmen Sie sich Raum, das gilt für Ihr Büro, für die Sitzordnung in Meetings, für Gespräche und Ihre Redezeit. Sie haben etwas zu sagen, dann nehmen Sie sich die dafür erforderliche Zeit, um Ihre Punkte auszuführen.
- Klare Anweisungen sind gut: Nicht nur männliche Mitarbeiter schätzen, wenn Sie als Chefin kurze und deutliche Ansagen machen: Was wünschen Sie wann und von wem?
- An der Spitze müssen Sie manchmal Entscheidungen treffen, die für das Gesamte positiv, für Einzelne jedoch unangenehm sind. Bei allen beliebt zu sein geht nicht, Respekt dürfen Sie erwarten und einfordern.

Das Wichtigste: Sagen Sie Ja, wenn es für Sie passt! Männlicher Selbstdarstellung stehen zu oft weibliche Selbstzweifel gegenüber. Ich kenne das von vielen Frauen, die ich durch Bewerbungsverfahren begleitet habe. Grundsätzliche Bedenken und Rücksichtnahme auf Ihre private Situation sind legitim, allerdings verfügen Sie in einer Führungsposition über Ressourcen, um Ihre persönliche Lebensqualität positiv zu gestalten. »Kurzfristig bereuen wir Dinge, die wir getan haben. Langfristig bedauern wir eher das, was wir nicht gemacht haben«, fand ein Artikel in »Psychologie heute« vor einigen Jahren. Die Entscheidung liegt bei Ihnen!

Zum Abschluss wieder Alice Schwarzer: »Die Frauen sollten nicht zu weit gehen«, lautet eine Überschrift. »Ganz im Gegenteil, wir Frauen können gar nicht weit genug gehen, meine ich – denn schließlich kommen wir von sehr weit her. Auf diesem Weg kann jede Frau jedoch nur ihre eigenen Schritte machen, sie muss wissen, woher sie kommt, wohin sie geht – und was sie verkraftet. Es gibt dafür keine Rezepte. Wer das vorgaukelt, ist ein Betrüger. Auch ich kann nur sagen, was ist – und aufzeigen, was sein könnte. Es ist an jeder einzelnen Frau, den ihr gemäßen Weg zu wählen.«

28. Unterschiede nutzen

Nach dem letzten Zitat von Alice Schwarzer wende ich mich nun wieder beiden Geschlechtern zu. Machtmenschen sollten Frauen und Männer sein. Sie haben unterschiedliche Zugänge zu Macht und Verantwortung und können viel voneinander lernen. Von meiner Coaching-Ausbildung bei Ulrich Dehner profitiere ich bis heute, ich habe in diesen zwei Jahren eine wertvolle Zeit in Konstanz verbracht. Wir waren damals eine Gruppe von zwölf Personen, sechs Männer und sechs Frauen. Da hatte der Macho ebenso Platz wie die Feministin, eher reflektierte Personen wie Ellbogentypen, laute und leise Menschen. Der Anteil von Frauen und Männern war ausgeglichen, das hat uns als Gruppe gutgetan.

Als Chef habe ich hingegen oft mehr mit Frauen als Männern zusammengearbeitet und unter dieser »Hahn im Korb«-Situation nie gelitten. Auch reine Männerrunden haben ihre Reize für mich, diese Netzwerke funktionieren prächtig. Insgesamt halte ich ein ausgewogenes Verhältnis zwischen Frauen und Männern für vorteilhaft und wohltuend – besonders auf der Führungsebene. Stereotype sind gefährlich, trotzdem wird es Eigenschaften geben, die wir Frauen zuordnen, und andere, die wir als typisch männlich empfinden. Frauen und Männer ticken unterschiedlich. Wenn wir das akzeptieren, können wir uns gut ergänzen.

Augen und Ohren offenhalten

Bringen Sie eine sportliche Note in den Kampf der Geschlechter, treten Sie in einen Wettbewerb des Voneinander-Lernens und, halten Sie Augen und Ohren offen! Männer werden erkennen, wie Frauen als Teamplayerinnen ihren Beitrag zum Ganzen leisten, wie sie Win-win-Situationen suchen, bei Fehlern Verantwortung übernehmen und den Erfolg teilen. Sie werden begreifen, dass Menschen nicht nur Motivation und Begeisterung brauchen, sondern auch Sicherheit und Zuwendung. Sie können gewinnen, ohne zu kämpfen.

Umgekehrt werden Frauen beobachten, wie forsch und unbeschwert Männer zupacken und zu neuen Aufgaben Ja sagen, selbstbewusst ihren Anteil am Erfolg fordern und bei Niederlagen die Ursache nicht nur bei sich selbst suchen. Sie sehen, dass Konkurrenz erfrischend sein kann, man sich auf der persönlichen Ebene dennoch gut verstehen darf. Sie merken, dass Mut und Risiko nicht immer ins Verderben führen, sondern Energie freisetzen. Fürs Betriebsklima soll die Person an der Spitze präsent und entscheidungsfreudig sein, nicht nur fair und rücksichtsvoll.

Antonia Gössinger, Chefredakteurin der Kleinen Zeitung für Kärnten, kommt zu folgendem Befund: »Frauen sind sachorientierter, Männer dafür lockerer und selbstbewusster.« Achill Rumpold sieht es so: »Frauen sind weniger bereit, von Positionen abzuweichen und sich auf Deals einzulassen. Das bringt zwar weniger Kompromisse, dafür mehr Konsequenz.« Diese Konsequenz können Männer von Frauen lernen. Frauen erdulden vieles, doch sie ziehen früher einen Schlussstrich, wenn Spielregeln und Rahmenbedingungen für die Beteiligten nur noch demotivierend sind. Um das zu vermeiden, sollten wir dumme Regeln gemeinsam entsorgen und neue, bessere definieren.

Es kommt nicht darauf an, ob etwas »typisch Frau« oder »typisch Mann« ist. Betrachten wir unsere Unterschiede doch durch die Brille von Journalisten, die eine Geschichte schreiben. Recherchieren wir interessante Verhaltensweisen beim anderen Geschlecht und nehmen wir diese in allen Facetten wahr, dann werden wir mit Respekt anerkennen, wo wir uns etwas abschauen könnten. Die Stärken bei anderen zu sehen, lässt uns besser mit den eigenen Schwächen umgehen.

Gesundes Führen ist gut für Frauen und Männer

Viele männlich dominierte Führungsideale und Unternehmenskulturen machen die Beteiligten krank – im übertragenen Sinn und tatsächlich. Eine Siebzigstundenwoche zu haben und dann noch die halbe Nacht unterwegs zu sein und mit den Letzten an der Theke durchzuhalten, um nur ja nichts zu versäumen. Björn Engholm nimmt das aufs Korn: »Leute, die verantwortungsvolle Positionen haben, müssen den Kopf frei haben, um ein bisschen vorauszudenken. Wer jeden Tag 16 Stunden schuftet, kann nicht mehr an die Zukunft denken Das ist aber die Aufgabe von Leuten, die führen, und wenn das verloren geht, wäre es schlimm. Menschen, die unsinnig sind und kreative Gelegenheiten auslassen, machen auch unsinnige Politik und das merkt man.« Warum soll Spitzenpolitik nur so funktionieren, dass Familien kaputtgehen, das Team ausbrennt und am Ende die Machthaber selbst zusammenbrechen, wenn sie nicht vorher abgewählt werden? Das ist dumm, geht auf Kosten der Ergebnisse und schadet der Demokratie. Im Management läuft es nicht viel besser, Selbstausbeutung ist gang und gäbe. Frauen und Männer können und müssen diese Gewohnheiten durchbrechen. »Gesundes Führen« ist angesagt!

Eine Kultur der gegenseitigen Unterstützung

Mentoring und kollegiale Beratung hat sich in den Führungsebenen von Unternehmen und Politik noch nicht durchgesetzt. Wir brauchen diese Kultur der gegenseitigen Unterstützung. Frauen in Spitzenpositionen sollen Frauen beistehen, die auf dem Weg dorthin sind. Cross-Mentoring mit gemischten Mentor/Mentee-Beziehungen zwischen Frauen und Männern fördert und fordert beide Geschlechter. Warum nicht unabhängig vom Geschlecht einen Wettbewerb austragen, wer die attraktivsten Persönlichkeiten für Führungsaufgaben gewinnt und wessen Mentee die beste Unterstützung am Weg nach oben erhält? Monika Kircher hat stets andere Frauen gefördert, unabhängig davon, ob sie selbst im Non-Profit-Bereich, in der Politik oder an der Konzernspitze tätig war: »Ich glaube, wir befinden uns in einer Phase, in der die typisch männlichen und weiblichen Rollenbilder mehr und mehr verschwimmen. Trotzdem gibt es die gesellschaftspolitisch tradierten Klischees noch. Wir brauchen nach wie vor Frauen, die bereit sind, sich aus der Komfortzone zu begeben. Und wir brauchen Männer, die ihre männlichen Netzwerke öffnen und bei Eignung und Leidenschaft auch in frauentypische Berufe gehen.«

»Mixed-Leadership« darf kein Schlagwort bleiben. Es gibt so viele Möglichkeiten, wie sich Menschen ergänzen können. Warum sollte das Frauen und Männern nicht gelingen? Weibliche und männliche Machtmenschen könnten einen gesunden Egoismus entwickeln, der allen guttut. Einen Egoismus, der weder selbstkritisch noch selbstverliebt ist, weder allzu harmoniebedürftig noch im Dauerwettstreit, pragmatisch, aber nicht oberflächlich, sachlich und mit Gefühl. Wenn Frauen und Männer neue *Spielregeln für den Weg an die Spitze* ins Leben rufen, ist mir um die Zukunft nicht bange. Am Ende zählen die Ergebnisse, nicht die Unterschiede.

29. Frauen in Schlüsselpositionen

Vieles habe ich geschrieben über »typisch Frau« und »typisch Mann«. Trotzdem ist jeder Mensch einzigartig und lässt sich nicht auf die Geschlechterrolle reduzieren. Das gilt auch und besonders für die hier vorgestellten Frauen und ihre Führungsstile.

»Eiserne Lady« als Ehrentitel

Wenn ich nach herausragenden Frauen im Zentrum der Macht recherchiere, fällt mir sofort wieder ein pointiertes Beispiel von der britischen Insel ein: Margaret Thatcher. Im Unterschied zu vielen Frauen hatte sie ein positives Verhältnis zur Macht, verfügte über viel Konfliktfreude und konnte den männlichen Kollegen mit Schärfe und Humor Paroli bieten. Ursprünglich stammte Margaret Thatcher aus einfachen sozialen Verhältnissen und erkämpfte sich durch Fleiß und Hartnäckigkeit den Weg an die Spitze der konservativen Tories. Zuerst noch als »Krämerstochter« geschmäht, wurde sie später von der Sowjetischen Nachrichtenagentur als »Eiserne Lady« bezeichnet. Diesen Titel trug sie bis zu ihrem Lebensende mit Stolz und kokettierte auch gerne damit. Keinen Konflikt ließ sie aus, weder im Innenland noch auf der Europabühne oder der Weltpolitik, sie polarisiert bis heute. Am Ende galt die konservative Revolutionärin nicht nur als Hassobjekt der Linken und Vorkämpferin der Konservativen, sondern vor allem als rotes Tuch für Menschen aus niedrigen sozialen Schichten. Sie suchte die Auseinandersetzung mit den Gewerkschaften, privatisierte die Flaggschiffe der staatlichen Unternehmen und beantwortete Demonstrationen mit Polizeieinsatz. Kein Wunder, dass sie von Kommentatoren mit dem folgenden Satz treffend beschrieben wird: »She was the only man in the cabinet.«

Damit tut man den Männern wohl zu viel der Ehre an. Margaret Thatchers Mischung aus Konfliktfreude und Konsequenz, das Festhalten an inneren Überzeugungen bis zur Starrsinnigkeit, als erste weibliche Premierministerin in den Krieg gezogen zu sein und als beharrliche Kritikerin am europäischen Einigungsprozess zeigen nur einige Facetten einer markanten Persönlichkeit.

Ich bin als Griechin geboren

Schauspielerin, Sängerin und Politikerin sind nur ein paar Stationen auf dem Lebensweg der Melina Mercouri. Eine charismatische Frau, deren populäre Schlager wir bis heute mitsingen können. Während der siebenjährigen Militärdiktatur lebte sie im Pariser Exil und bezog als Künstlerin öffentlich gegen das Regime Stellung. Als Konsequenz wurde ihr die Staatsbürgerschaft entzogen und ihr Reisepass verlor seine Gültigkeit. Typisch ihre zornige Reaktion: »Ich bin als Griechin geboren und ich werde als Griechin sterben.«

Genau so kam es auch. Mit dem Ende der Diktatur begann ihre politische Karriere in der PASOK und sie wurde Abgeordnete. Auch der letzte Film, den sie als Schauspielerin drehte, hatte einen typischen Titel: »A Dream of Passion«. Später war sie mit einer Unterbrechung mehr als zehn Jahre Kulturministerin ihres Landes, initiierte die Einrichtung der jährlichen Kulturhauptstadt Europas und stritt mit Großbritannien über die Rückgabe des Parthenon-Fries aus dem Britischen Museum. Der ehemalige deutsche Außenminister Hans-Dietrich Genscher über sie: »Melina Mercouri, die große Künstlerin, die weltbekannte Schauspielerin und Sängerin – wer bewunderte nicht ihren bezaubernden Charme, ihre mitreißende Darstellungsfähigkeit und Ausdruckskraft? Doch Melina Mercouri war weit mehr: eine starke Persönlichkeit mit unwiderstehlicher Ausstrahlung, eine mutige

Frau, die sich für Freiheit und Menschenrechte in Griechenland genauso wie überall in der Welt tapfer und aufopfernd eingesetzt hat.«

Wir schaffen das

Zu Angela Merkel werden wir am wenigsten professionelle Distanz zustande bringen, das ist normal. Angela Merkel studierte Physik, war ostdeutsche Politikerin und später als »Helmut Kohls Mädchen« Generalsekretärin der CDU. Selbst kundige Beobachter des politischen Geschehens in Berlin haben nicht erwartet, dass diese Frau einmal zehn Jahre und mehr als deutsche Bundeskanzlerin durchstehen würde. Ohne Konzessionen an den Zeitgeist und ohne flotten und mediengerechten Touch ist sie zur mächtigsten Politikerin Deutschlands und Europas aufgestiegen. Mit ihrem Satz: »Wir schaffen das!« im August 2015 machte sie angesichts der Millionen von Flüchtlingen ein freundliches Gesicht und stand dazu. Im selben Jahr wurde sie von der Bayrischen CSU ausgepfiffen und von ihrer eigenen CDU gefeiert. Am Jahresende erhielt sie vom amerikanischen Time-Magazin den Titel »Person des Jahres 2015«.

Nach den Gewaltexzessen in der Silvesternacht in Köln kippte die Stimmung aufs Neue. Was vorher gut war, erntete nun Kritik. Die Kanzlerin wurde nicht nur in den sozialen Netzwerken aggressiv und persönlich für jeden Terrorakt verantwortlich gemacht, an dem Nicht-Deutsche beteiligt waren. Im Herbst 2016 erklärt sie dennoch ihre Wiederkandidatur als Bundeskanzlerin. Wenige Monate später erschütterte ein Anschlag auf den Weihnachtsmarkt in Berlin mit zwölf Toten Deutschland, Angela Merkel und ihre Politik stehen neuerlich auf dem Prüfstand. Der Versuch, im Dialog mit der Türkei, die Flüchtlingsfrage zu entschärfen, ist umstritten und will nicht recht gelingen. Obwohl mit Martin

Schulz im Frühjahr 2017 ein neuer Herausforderer in den Ring steigt, sollten wir mit Angela Merkel weiter rechnen. Die unvollständige Chronologie zeigt die Fahrt auf der Achterbahn der wechselnden Stimmungen, die für die Spitzenpolitik typisch sind. Ob der politische Weg von Angela Merkel bald endet oder nicht, eines steht jetzt schon fest: Ein Platz in der Geschichte ist ihr sicher.

30. Spielregeln für den Weg an die Spitze

- Sowohl im Führungsverhalten als auch im Umgang mit Macht gibt es große Unterschiede zwischen Männern und Frauen.
- Frauen werden von Männern wie Frauen härter beurteilt als Männer, besonders hart gehen sie mit sich selbst ins Gericht.
- Frauen könnten öfter Ja sagen und sich im Zweifel für eine Spitzenposition entscheiden. Einmal dort, können sie sich ausreichend Unterstützung holen.
- Heterogene Netzwerke und Mentoring helfen, um Frauen in Toppositionen zu holen und zu stärken.
- Frauen sollten die äußeren Symbole der Macht nicht unterschätzen, ein bewusster Umgang mit Ritualen ist für die Menschen wichtig, die ihnen folgen sollen.
- Einige Spielregeln, die von männlichen Verhaltensmustern dominiert sind, machen krank und sollten von Frauen und Männern gemeinsam aufgebrochen werden.
- Von einer »Mixed-Leadership« profitieren beide Geschlechter. Starke Frauen und Männer finden starke Frauen und Männer, um sie fit für mehr Verantwortung zu machen.

KAPITEL 6

Ein Schauspieler hat es leichter – die Scheinwerfer der Öffentlichkeit aushalten

31. Ein Hollywood-Cowboy als Präsident

Die Szene ist bekannt, der Slogan auch: »Let's make America great again!« Allerdings schreiben wir das Jahr 1980. Ronald Reagan hat es mit Cowboyhut und markigen Wildwestsprüchen geschafft, seinen wenig charismatischen Vorgänger aus dem Amt zu hebeln. Mit dem neuen Präsidenten beginnt weltweit eine neue Ära der Konservativen. Staatliche Regulierung, Wohlfahrtsstaat oder Einschränkungen für die Wirtschaft sind out, privater Wettbewerb wird zur Maxime der Politik, jeder ist seines Glückes Schmied. Ronald Reagan wird zum Symbol des Neubeginns und dessen bester Verkäufer.

Vor seiner politischen Laufbahn war er Schauspieler. In den typischen B-Movies im Westerngenre spielte er selten den Hauptdarsteller, weder den Helden noch den Bösewicht. Meistens blieb für ihn nur eine Nebenrolle, er ist halt irgendwie irgendwo mitgeritten. Wahrscheinlich fällt Ihnen schon deshalb kein einziger Film ein, in dem Ronald Reagan mitgewirkt hat.

Dieser Nebendarsteller wird 1980 zum Präsidenten der USA gewählt, in das mächtigste Amt der westlichen Welt. Natürlich fragen die Journalisten sofort, ob das wohl gut gehen kann – ein Schauspieler als Präsident? Reagan antwortet darauf launig:»Ich wüsste nicht, wie das jemand aushält, der vorher nicht Schauspieler gewesen ist.«

Keine Sorge, ich empfehle Ihnen jetzt nicht auch noch eine Schauspielausbildung auf Ihrem Weg in eine Spitzenposition. Diese Zusatzqualifikation hätte zwar ihre Reize, sollte aber keine Voraussetzung sein. Was wir von Ronald Reagan allerdings bis heute lernen können, sind zwei Dinge: Zum einen übernehmen Sie in einer Führungsposition eine Rolle und Sie haben Publikum, mit dem Sie in einer Wechselbeziehung stehen. Zum anderen hat jede Führungsaufgabe viel mit Kommunikation zu tun, diese ist das»Schmiermittel«, das unsere Demokratie, Unternehmen und Organisationen zusammenhält.

Alle Blicke sind auf Sie gerichtet

Als Führungskraft übernehmen Sie mit der Verantwortung eine öffentliche Rolle. Erst wenn Sie diese Rolle in den Augen des Publikums gut spielen, gelten Sie als authentisch. Bloß natürlich zu bleiben, funktioniert nicht, wenn Sie die Scheinwerfer der Öffentlichkeit aushalten müssen. Die öffentliche Bühne schafft eine künstliche Situation, in der Sie nicht als Privatperson beurteilt werden, sondern bezogen auf Ihre Rolle. Wenn Sie diese Führungsrolle gut ausfüllen, werden Sie auch in psychologischer Hinsicht den Chefsessel einnehmen. Im Chefbüro am Cheftisch Platz zu nehmen, ist zu wenig.

Dazu kommen die Medien – die veröffentlichte Meinung.

Diese mag in der Politik wichtiger sein als an der Unternehmensspitze. Medien haben für eine Non-Profit-Organisation eine größere Bedeutung als für einen mittelständischen Produktionsbetrieb. Doch niemand kann sich heute um die Medien ganz herumschwindeln oder diese ignorieren. Die Realität der öffentlichen Meinung ist so allgegenwärtig, dass sie nur zu oft die Wirklichkeit verdrängt. Wissen Sie denn, wie Angela Merkel oder Bill Gates privat sind? Haben Sie eine Ahnung, was für ein Mensch Ihre Chefin außerhalb der Firma ist? Wissen Sie selbst, was andere über Sie denken? Unter maßgeblicher Mitwirkung der Medien wird ein öffentliches Bild entworfen, Ihr Image, dem Sie nur schwer entrinnen können.

Ein US-Präsident hat mit Schauspielern mehr gemeinsam als Politikerinnen unserer Breiten. Doch der alte Song »There's no business like show business« gilt im deutschen Sprachraum genauso für die Topleute in Politik und Wirtschaft. Wer in seinen Auftritten nicht ein paar Elemente Infotainment beherrscht, wird sein Publikum zuerst langweilen und dann verlieren. Wer das Klavier beherrscht und unterhalten kann, hat einen Wettbewerbsvorteil, der von der Konkurrenz kaum durch Fleiß oder Sacharbeit aufzuwiegen ist.

Zurück zur Schauspielerei: Gute Schauspieler übernehmen nicht jede Rolle in jedem Genre und spielen nicht in jedem Film mit, der ihnen angeboten wird. Verschiedene Rollen übernehmen zu können, bedeutet nicht, auch alles zu spielen. Wo kommt mein Typ gut zum Ausdruck, wo ist das nicht der Fall? Wo kann ich meine Stärken ausspielen, wo begebe ich mich auf Glatteis? Bis zu welchem Niveau werde ich mithalten und mit der Aufgabe wachsen, ab wann bin ich typisches Opfer des Peter-Prinzips und strebe so hoch nach oben, bis ich nur noch überfordert bin? Wie halte ich es mit meiner persönlichen Glaubwürdigkeit? Betrachten Sie das Angebot zur Übernahme einer Führungsaufgabe durch die Brille eines guten Schauspielers: Wählerisch zu sein, lohnt sich!

So tun als ob?

»Wem Gott ein Amt gibt, dem gibt er auch den Verstand!« Wägen Sie alles ab, aber lassen Sie sich nicht einschüchtern, wenn Sie Verantwortung übernehmen. Gönnen Sie sich zur Stärkung den Film »Dave« mit Kevin Kline: Der Präsident fällt aus, ein Double übernimmt seine Rolle und niemand bemerkt den Unterschied – mit Ausnahme der Präsidentengattin.

In der ersten Phase einmal »so zu tun, als ob« ist kein schlechter Beginn. Auf bestimmte Funktionen können Sie sich vorbereiten, auf andere nicht. Bundeskanzler etwa haben alle erst im Amt lernen müssen. Sogar wenn Sie schon vorher einer Regierung angehört haben, können Sie sich auf den Druck und das Tempo in der Einser-Position erst dann einstellen, wenn Sie dort sind. Als Minister sind die Themen überschaubar und werden von Fachleuten aufbereitet. Ein Regierungschef muss alle Themen abdecken und kommentieren. Wenn der Vorsitz in einer Partei dazukommt, steigen die Vielfalt an Aufgaben und die Anzahl der Termine neuerlich. Als meine ehemalige Chefin zur Parteivorsitzenden und zur ersten Person in der Regierungsfraktion gewählt wurde, änderten sich die Arbeitsschwerpunkte schlagartig. Plötzlich benötigten wir für Probleme Antworten, die uns vorher nur am Rand berührt hatten, insgesamt stieg der Druck. Mir fiel der Ausspruch von Lord Wellington am Schlachtfeld von Waterloo ein: »Das Schlimmste nach einer verlorenen Schlacht ist eine gewonnene Schlacht.« Der Vergleich hinkt, schließlich meinte Wellington das unermessliche Leid des Krieges. Doch auch in Friedenszeiten müssen manche Siege erst einmal bewältigt werden. Beim Vorstandsvorsitzenden eines börsennotierten Unternehmens ist es nicht anders: Diese hohe Verantwortung zu stemmen, lernen Sie auch an der besten Eliteschule des Landes nicht.

Erstmals Chefin oder Chef zu sein, heißt immer, den Sprung ins kalte Wasser zu wagen. Sie können sich auf das

Führen nicht immer rechtzeitig und schon gar nicht vollständig vorbereiten, erst recht nicht, wenn Sie von der mittleren Führungsebene ins Topmanagement wechseln. Auf dem Weg dorthin ein paar Dinge zu beachten, schadet nicht.

32. Auf die Rolle kommt es an

»Wer bin ich – und wenn ja, wie viele?« Pointierter als mit dem Buchtitel von Richard David Precht kann ich es nicht ausdrücken. Offensichtlich gibt es stets mehrere Varianten von uns: den Partner, den Vater, die Ehefrau, den Sportler, die Freundin, den Kollegen oder die Chefin. Jeder Mensch hat so viele Gesichter und so unterschiedliche Charakterzüge, dass diese sich sogar widersprechen können, und doch meinen wir stets ein und dieselbe Person. Wir übernehmen gleichzeitig mehrere Rollen, meistens geschieht das unbewusst, privat und automatisch. Ihre Machtposition und Führungsrolle hingegen sollten Sie bewusst anlegen, Akzente setzen, einzelne Dinge zeigen und andere nicht. Frisch gebackene Führungskräfte wollen oft beweisen, was für angenehme Menschen sie trotz ihres Aufstiegs geblieben sind. Sie geben gerne den netten Kumpel von früher und suchen die Nähe zu den bisherigen Kollegen in einem Ausmaß, wie es nicht zu ihrer neuen Funktion passt. Die zweite Variante ist nicht besser: Der neue Chef tritt besonders forsch auf, um gleich am Anfang zu signalisieren, dass er alles im Griff hat. Meistens erntet er damit eher Schmunzeln als Respekt.

Führen Sie Regie!

Beim Start in einer Führungsaufgabe ist es schwierig, die Rolle für sich und andere klar zu definieren. Kein Mensch soll sich verbiegen und verkrampfen, nur um den Erwartungen anderer zu entsprechen. Ein Innehalten und Reflektieren über die Anforderungen einer Chefposition ist schon angebracht: Was bedeutet die neue Aufgabe? Wie wurde sie bisher wahrgenommen? Wo gab es Kritik, was ist gut gelaufen? Mit welchen Erwartungen sind Sie konfrontiert – einem »weiter so« oder gibt es das Bedürfnis nach Veränderung? Wo möchten Sie neue Schwerpunkte setzen, was soll so bleiben? Wie können Sie Einfluss nehmen, wo sind Grenzen? Sie können andere einfach fragen – gut zuhören hat noch nie geschadet, wenn jemand neu übernommen hat.

Klären Sie, was zu Ihnen passt. Welchen Vorstellungen von außen möchten Sie entsprechen, was ist mit Ihnen nicht zu machen? Wie beim Schauspielen: Sie haben eine Rolle übernommen, die Vorgaben stehen fest, manche Rahmenbedingungen können Sie nicht beeinflussen. Aber wie Sie es anlegen und wie Sie spielen, das entscheiden Sie! Mit dem einen Unterschied, dass Sie in der Führungsrolle selbst Regie führen und da weniger fremdbestimmt sind als ein Filmstar.

Eine Führungsrolle auszufüllen, hat sonst wenig mit Glanz und Glamour zu tun. Es geht auch nicht um Manipulation, abgesehen davon, dass wir unser ganzes Leben lang andere beeinflussen möchten. Die Führungsrolle verlangt von Ihnen, Ihrem Publikum und relevanten Stakeholdern Interesse und Aufmerksamkeit zu widmen. Wie sonst können Sie mit Ihrem Tun Resonanz erzielen? Die Rolle gut auszufüllen, erhöht Ihre Wirksamkeit und bietet die Chance, auch neue Akzente zu setzen, Ungewohntes zu tun oder schwierige Entscheidungen durchzubringen.

Die Rolle klarzustellen, hat für mich noch einen besonderen Reiz: Sie nehmen Druck heraus. Wenn etwas nicht zu Ihrer Rolle passt, müssen Sie es nicht tun. Wenn anderes dazugehört, sollten Sie es annehmen. Beides kommunizieren Sie nach außen.

Moderieren Sie nicht zu moderat

Wenn ich Veranstaltungen moderiere, stelle ich schon zu Beginn meine Rolle klar: Eine Gruppe zu einem bestimmten Ergebnis »hinzumoderieren« gehört nicht dazu, ein abwechslungsreicher Ablauf und eine transparente Diskussion hingegen schon. Ich muss sauber arbeiten, auf den Roten Faden achten und alle einbeziehen. Welchen Stil ich wähle, ob ich provoziere, Humor einsetze oder sachlich vorgehe, hat nur mit mir zu tun und mit den Menschen, die da sind. Die Rolle lässt da eine große Bandbreite zu. Ich habe alle Freiheit der Welt, um einen guten Job zu machen.

»Moderieren« verbinden wir mit moderat sein, sich zurückzunehmen und andere ausreden lassen. Moderieren heißt aber auch dirigieren, führen, leiten und lenken. Am Beispiel der Moderation sehen Sie, wie entlastend es ist, die eigene Rolle klar abzugrenzen. Moderieren und Führen haben viel gemeinsam, legen Sie Ihre Führungsrolle ähnlich an: Wie lautet die Aufgabe? Was wird erwartet? Was können Sie erfüllen, was nicht? Und das Wichtigste: Wofür sind Sie angetreten und wie werden Sie es angehen? Ähnlich dem Moderieren haben Sie beim Führen viele Möglichkeiten, dieses Wie mit Leben zu füllen – persönlich und wirkungsvoll! Wie Ihre Rolle konkret aussieht und wer Ihr Publikum ist, sollten Sie geklärt haben. Schließlich warten schon die Medien auf Sie.

33. Das Spiel mit den Medien ist kein Spiel

Faszinierend und herausfordernd ist das Spiel mit den Medien, das in einer Spitzenposition auf Sie zukommt – meistens. Gleich vorweg: Auch wenn ich einen spielerischen Umgang mit Kommunikation stets für hilfreich halte, der Umgang mit den Medien ist kein Spiel, sondern fast immer ein harter

Knochenjob. Niemand von uns wird als brillanter Entertainer geboren, wir starten alle am Anfang, wenn wir professionell mit Medien umgehen möchten. Medien transportieren und filtern, verstärken und übertreiben, sie reduzieren und verzerren Ihre Äußerungen. Medien fahren Nicht-Ereignisse zu bedeutsamen Events hoch, starten eigene Kampagnen oder machen durch Nicht-Berichterstattung schöne Erfolge zunichte. Das Spiel mit den Medien ist eine Chance mit Risiko. Wozu sich das antun?

In der Politik und in Non-Profit-Organisationen ist die Sache klar. Sie haben keine Alternative! Denn das würde bedeuten, in den Medien nicht vorzukommen und beim Publikum nicht stattzufinden. Diese Zuspitzung ist angebracht, die Haltung »Nur nicht anstreifen« funktioniert schon lange nicht mehr. Stellen Sie sich vor, weder Fernsehen, noch Radio, keine Zeitung und keine Internetplattform berichten über Sie. Sie verzichten auf Firmenvideos und Mitarbeiterinfo ebenso wie auf Präsenz in den sozialen Netzwerken, weil das ohnehin »Teufelszeug« ist. Wer soll Ihr Anliegen ernsthaft aufgreifen, wer soll spenden, wer soll Sie wählen? Wo erreichen Sie die Menschen, die Sie als Unterstützer brauchen oder denen das Ziel Ihres Engagements gilt?

Auch ohne jeden Medienkontakt können Sie Gegenstand der Berichterstattung werden. Schon deshalb gilt das für Politik und Interessensvertretungen Gesagte auch für die Unternehmen. Ihre Gespräche mit Journalisten an die Pressestelle zu delegieren, wird auf Dauer nicht klappen. Medienarbeit ist Chefsache, Sie vertreten Ihr Unternehmen und Sie sprechen nach außen. Das Kürzel »CEO« steht für Chief Executive Officer und erhält eine neue Bedeutung: »Chief Entertainment Officer«, die Unternehmensspitze ist auch für die Unterhaltung zuständig. Dazu gehört der regelmäßige Umgang mit Journalistinnen. Nur so haben Sie die Chance auf positive Schlagzeilen. Das bedeutet allerdings nicht, dass Sie diese auch immer bekommen werden. In diesem Punkt sollten Sie nicht empfindlich sein. Journalisten betrachten das Geschehen durch die Brille der Leserinnen und der Konsumenten der elektronischen Medien. Gleichzeitig bringen sie ihre eigene Sichtweise ein, die sich auf die Berichterstattung niederschlägt.

Sensibel in eigener Sache

Vor zwei Jahren habe ich mich als Direktor der Kärntner Verwaltungsakademie beworben und organisiere seither mit meinem Team die Aus- und Fortbildung der öffentlichen Bediensteten in unserem Bundesland. Freiberuflich arbeite ich seit fast 20 Jahren als Coach und Redner, diese Erfahrung bringe ich in meine neue Arbeit ein. Eine befreundete Journalistin brachte in ihrem Bericht zu meinem Karrieresprung den folgenden Satz: »Weil Ortner als Coach und Trainer tätig ist, wollen manche die exakte Trennung zwischen neuer Funktion und Nebentätigkeit genau beobachten.« Dieser Satz hat mich verstört, die Gedanken haben sich im Kopf gedreht. Wer hält mich denn für so wenig seriös, dass mir indirekt ein unkorrektes Verhalten zugetraut wird? Warum schreibt sie das überhaupt, obwohl sie mich schon so lange kennt?

Aus einem einzigen Grund: Sie ist Journalistin und macht ihren Job. In dem einen Satz stand nur, dass »manche die exakte Trennung zwischen neuer Funktion und Nebentätigkeit beobachten wollen«. Das ist legitim. Wenn jemand eine Führungsaufgabe im öffentlichen Dienst übernimmt, darf gefragt werden, ob Unvereinbarkeiten mit einer privaten Tätigkeit vorliegen. Als Staatsbürger fordere ich von Amtsträgern stets ein Höchstmaß an Sauberkeit ein. Somit ist es nur würdig und recht, wenn diese Ansprüche auch an mich gestellt werden.

Wie sensibel ich plötzlich war, als es um mich ging! Wie

großzügig war ich hingegen beim Austeilen in Wahlkämpfen oder wenn ich Politiker für Streitgespräche mit ihren Wettbewerbern vorbereitet hatte. Als unsere Bürgermeisterin in einer Faschingssitzung einen Abend lang durch den Kakao gezogen wurde, meinte ich nur: »Das ist gut für dein Image. Viel besser jedenfalls, als nicht vorzukommen!« Wo gehobelt wird, fallen Späne und erst recht in der politischen Kommunikation. Manchmal brauchen Sie eine dicke Haut, wenn Sie in die Medien wollen. Das kann unangenehm, aus Ihrer Sicht unfair und sogar objektiv falsch sein. Da macht jemand seinen Job so gut es geht – ob uns das nun passt oder nicht.

Auf der anderen Seite des Mikrofons

Und wie sieht die andere Seite aus, jene der Journalistinnen und Journalisten? Auf den ersten Blick sind sie die Stärkeren. Sie geben Themen, Blickwinkel und Tempo der Berichte vor. Sie stellen die Fragen, redigieren und selektieren Ihre Antworten. Oft sind sie mit übercoachten, phrasendreschenden Politikern und Managerinnen konfrontiert, die alles trainiert haben, nur nicht, auf den Punkt zu kommen und komplexe Inhalte verständlich zu formulieren.

Antonia Gössinger differenziert: »Innerhalb der Medien gibt es ein zwiespältiges Bild. Boulevardmedien und Online-Medien scheinen zu boomen, Qualitätszeitungen stürzen von einer Krise in die nächste, manche auch wieder nicht.« Astrid Zimmermann ergänzt: »Man merkt, dass auf der Kommunikationsseite die Professionalisierung zugenommen hat. Die wissen heute ganz genau, wie sie sich inszenieren müssen. Presseaussendungen sind so professionell, dass sie oft eins zu eins übernommen werden. Wo bleibt da der kritische Journalismus? Der wirtschaftliche Druck ist größer geworden, die Akzeptanz für Qualität im Journalismus hat abgenommen, obwohl unabhängiger Journalismus demokratiepolitisch wichtig ist.«

Chefredakteur Hubert Patterer von der Kleinen Zeitung stellt fest: »Mir gefallen Politiker, die sich der Erwartungshaltung der Medien widersetzen und nicht bereit sind, Inszenierungswünsche der Boulevardmedien mitzumachen.« Machthaber können also auch gegen den Strom schwimmen. Das wird dadurch erleichtert, dass die klassischen Medien durch den Wegfall von Werbeetats in den letzten beiden Jahrzehnten einen enormen Kostendruck spüren. Gleichzeitig rüsten die Public-Relations-Abteilungen der Politik und der Unternehmen kräftig auf, während uns die Non-Profit-Organisationen vorzeigen, wie sie mit geringen Budgets eine hohe Medienresonanz schaffen: Caritas, Greenpeace oder Amnesty International sind einige prominente Beispiele.

»Social Media« sind für mich keine klassischen Medien, weshalb ich lieber von sozialen Netzwerken spreche. Jedenfalls stellen sie Journalisten und Machthaber vor neue Herausforderungen. Informationen werden binnen Sekunden verbreitet, keine Chance, die Inhalte zu überprüfen oder zu stoppen. Seriöse Medien übernehmen nur Informationen, die in der Recherche halten. Hugo Portisch, der Doyen des österreichischen Journalismus formuliert seine Maxime so: »check«, »recheck« und »double-check« – die Inhalte doppelt und dreifach überprüfen, bevor darüber berichtet wird. Diesem hohen Anspruch im Zeitalter von Facebook und Co. gerecht zu werden, ist eine Mammutaufgabe!

Wer ist stärker?

Herrscht nun Waffengleichheit zwischen Jägern und Gejagten? Nicht immer, aber immer öfter. Journalismus ist oft ein selbstreferenzieller Beruf, Kritik kommt in erster Linie von den eigenen Berufskollegen oder jenen der Konkurrenz. Das führt wie bei den Mächtigen dieser Welt immer wieder zu Fehlleistungen, Verzerrungen und Verletzungen. Es führt auch dazu, dass die Kritik der Medien die Politiker härter trifft als andere Berufsgruppen. Schließlich sind Journalisten auch nur Menschen, sie können sich der allgemeinen Stimmungslage nicht entziehen. Stimmung gegen »die da oben« zu machen, gehört nicht nur in den Boulevardmedien, im Privatfernsehen und in den Online-Foren zum Geschäft.

Bleiben Verantwortungsträger die Opfer der Medien? Nein, Sie können eine aktive Rolle spielen, Sie können Themen setzen, Medien mit interessanten Geschichten versorgen und Berichte in Ihrem Sinn beeinflussen. Die sozialen Netzwerke bringen zusätzliche Dynamik ins Spiel. Allein mit selbstgemachten Videos können Sie in Sekunden mit geringem finanziellem Aufwand Millionen Menschen erreichen. Sie sind nicht automatisch schwächer, ebenso wenig sind Sie immer im Vorteil. Unterschätzen Sie nie die Macht des Boulevards oder reißerischer Fernsehformate. Unterschätzen Sie Medien generell nicht, auch unseriöse Journalisten können Sie unter Druck setzen. Machthaber und Medienleute sind »Teil einer Blase« (© Hubert Patterer), die manchmal beide das Gespür für Stimmungen außerhalb des privilegierten Spielfelds verlieren. Beiden würde es guttun, sich für die andere Seite zu interessieren und einander auf Augenhöhe zu begegnen. Machtmenschen von heute werden daran gemessen, wie gut ihnen dieser Austausch gelingt. Vielleicht geht es gar nicht darum, wer stärker ist.

34. Auf der großen Bühne bestehen

Was empfehle ich Ihnen für Ihre Medienarbeit, was können Sie tun, wie erreichen Sie ein gutes Image in der Öffentlichkeit? Einfache Rezepte gibt es nicht, einige Regeln allerdings schon. Doch jede Regel kennt Ausnahmen und Glück brauchen Sie ebenfalls. Reden wir über ein paar Voraussetzungen, die für das Gelingen wesentlich sind.

Wie bei jedem erfolgreichen Gespräch sollten Sie sich für Journalisten interessieren, für die Menschen hinter der Rolle. Bruno Kreisky etwa arbeitete früher selber als Journalist und war zeitlebens von der Welt der Medien fasziniert. Zeitungen, Radio, Fernsehen haben ihn schon in seinen Anfängen brennend interessiert. Er schätzte den Diskurs mit Andersdenkenden, erst recht jenen mit Journalisten. Johannes Kunz erhielt nach einem kritischen Radiokommentar noch am selben Tag einen Anruf des Bundeskanzlers: Kreisky fragte ihn, ob er sein Pressesprecher werden möchte. Die Kritik hatte sein Interesse geweckt.

Bill Clinton schlug sich ganze Nächte mit Leuten vom Fernsehen um die Ohren, diskutierte mit ihnen, ließ Nähe zu und fand zu seinen Gesprächspartnern persönliche Zugänge. Wir alle fühlen uns geschmeichelt, wenn andere sich für uns interessieren. Journalistinnen und Journalisten bilden da keine Ausnahme! Ehrliches Interesse, Neugier und Offenheit sind wichtige Türöffner.

Ich organisierte früher öfter Pressekonferenzen und war mir anfangs nicht sicher, ob mein Thema oder meine Gesprächspartner auf Interesse stoßen würden. Die Lösung war einfach: Ich fragte Journalisten, wie sie darüber denken. Manchmal reichte es für ein Pressebriefing, in anderen Fällen war ein Einzelinterview besser und oft musste ich mein Vorhaben fallenlassen.

Pflegen Sie mit Journalisten eine Kommunikation auf Augenhöhe, kein Anbiedern, keine Mauschelei. Verbrüdern Sie sich nicht und sehen Sie sie nicht als Gegner. Ein normaler Umgang unter Erwachsenen mit Respekt und Wertschätzung ist langfristig erfolgversprechend, wenn Sie die unterschiedlichen Interessen von Führungskräften und kritischen Medien im Auge behalten.

Wer ist Ihr Publikum?

Das Publikum von Machtmenschen sind nie »alle«. Die Kommunikationswissenschaft sprach zuerst von »Teilöffentlichkeiten«, das Marketing von »Zielgruppen«. Später waren es »Dialoggruppen«, um irgendwann festzustellen, dass man ja nicht mit allen im Dialog steht, weshalb der Begriff »Bezugsgruppen« entstand. Heute reden wir von »Anspruchsgruppen«, ähnlich dem englischen »Stakeholder«. Es geht nicht darum, immer alle anzusprechen. Wir müssen die für uns wesentlichen Gruppen erreichen und ihnen unser Anliegen näherbringen.

Jede Gruppe von Menschen hat andere Interessen und Kommunikationsbedürfnisse, Betriebsräte ticken anders als Lieferanten, Sympathisanten müssen Sie anders ansprechen als Wechselwählerinnen. Im Marketing heißt das Marktsegmentierung, wichtige Käufergruppen werden herausgefiltert. In der Öffentlichkeitsarbeit ist es ähnlich: Sie müssen die für Sie relevanten Gruppen herausfinden und ansprechen, andere vorerst beiseitelassen. Das scheint zynisch, dient aber der Treffsicherheit Ihrer Medienarbeit. Weglassen gehört dazu. Denken Sie daran, dass Journalisten eine eigene Gruppe von Stakeholdern sind, sie wollen Aktuelles, Neues, Besonderes und ihren Leserinnen, Zuhörern und Sehern spannende Geschichten und Bilder bieten. Wenn Sie ihnen die Arbeit erleichtern, gutes Material und interessante Inhalte liefern, steigen Ihre Chancen.

Gut inszeniert, ist halb gewonnen

Manchmal bedarf es großer Gesten, Symbole und guter Inszenierungen. Aus Aufzeichnungen wissen wir etwa, dass Präsident John F. Kennedy bei seinem Besuch im damaligen Westberlin seinen berühmten Satz »Ich bin ein Berliner« nicht spontan beim Anblick des Brandenburger Tores geäußert hat. Er hatte den Satz Wochen vorher vorbereiten lassen, auf einem Zettel im Hotel die richtige Aussprache stehen und noch kurz vor seinem Auftritt die korrekte deutsche Betonung geübt.

Christian Kern und Sebastian Kurz: Die beiden Konkurrenten um das Amt des Bundeskanzlers hatten eines gemeinsam: Unmittelbar vor ihrer Kür zum Parteivorsitzenden verweigerten sie sich einige Tage lang den Medien. Nach vielen Gesprächen im kleinen Kreis gaben sie bestens vorbereitet ihr erstes Statement in der neuen Rolle ab. Beide fanden eine perfekte Inszenierung, um am gewünschten Tag die maximale Aufmerksamkeit der Öffentlichkeit zu erreichen. Der Stil war unterschiedlich, die Dramaturgie hingegen ähnlich.

Inszenierungen dürfen Sie nicht übertreiben, Worthülsen und peinliche Scheininszenierungen sind zu wenig. Manche Politiker stapfen bei Naturkatastrophen in Gummistiefeln durch das Fernsehbild, um den Anschein zu erwecken, persönlich bei diversen Aufräumarbeiten zu helfen. Wenn hinter der Show zu wenig Realität steckt, bleibt nur heiße Luft zurück.

Wenn dich keiner kennt, kennt dich keiner

Wir vertrauen nur Personen, die wir kennen. Ihre Bekanntheit zu steigern, erfordert Mut, der Erfolg hat Nebenwirkungen. Wenn Sie in der Öffentlichkeit stehen, werden Seiten Ihrer Person ausgeleuchtet, die Sie vielleicht selbst nicht in die Auslage rücken wollen. Österreichs ehemaliger Bundeskanzler Franz Vranitzky benennt es so: »Wir haben den gläsernen Menschen, wir haben Transparenz und das ist erstens richtig und korrekt, aber zweitens eine zusätzliche Herausforderung. Wenn du gläsern bist, musst du dafür sorgen, dass der, der durch das Glas durchschaut, nichts Unanständiges entdeckt.«

Bekanntheit ist dennoch das A und O, und oft noch wichtiger als Sympathie, der Buchtitel »Wer nicht auffällt, fällt durch« bringt das gut auf den Punkt. Bekanntheit entsteht auch, indem Sie Konflikte eingehen und sich an anderen reiben. Steve Jobs suchte den öffentlichen Konflikt mit Bill Gates und Microsoft. Helmut Manzenreiter trug als Bürgermeister der Stadt Villach immer wieder Auseinandersetzungen mit dem damaligen Landeshauptmann Jörg Haider aus, der bayrische Ministerpräsident Horst Seehofer sucht regelmäßig den Disput mit Angela Merkel. Das ist vielleicht nicht immer fair, nützt nicht sofort, schärft aber das Profil. Kommunikationsprofi Dietmar Ecker legt nach: »Einmal geht es darum, die Emotionen in der Gesellschaft und in den Medien zu kennen. Das Schlimmste was dir als öffentlicher Mensch passieren kann ist, dass gar nicht über dich berichtet wird. Wenn du auf negative Berichte hingegen vernünftig und nachvollziehbar reagierst, gewinnst du das Spiel!«

Christof Zernatto berichtet: »In einer Spitzenfunktion wirst du ununterbrochen nach deiner Meinung gefragt. Schon am Tag des Entstehens eines Problems wird die absolute Antwort erwartet.« Dazu gehört, »gute Sager zu haben, klare Regeln zu definieren und zu entscheiden, wer wird bedient und wer nicht. Knappe und prägnante Formulierungen finden, du sollst nicht langweilen!«, meint Andreas Khol. Franz Fischler, Österreichs erster EU-Kommissar, stellt klar: »Du brauchst eine Strategie, ein Konzept im Kopf, wie kannst du dein Anliegen zu einem Anliegen der Bevölkerung machen. Wer sind die Nächsten, die du ins Boot holen kannst?«

Peter Ambrozy nimmt Anleihe bei Muhammad Ali: »Da gibt es doch den Gag von einem berühmten Boxer. Auf die Frage, was er als Profi den ganzen Tag macht, meinte er: ›Den halben Tag trainiere ich hart.‹ Auf die Frage, was er den restlichen Tag macht: ›Da muss ich unter die Leute, um ihnen zu erzählen, wie gut ich bin.‹ Genauso ist es doch in der Politik. Die Medien sind neben den Fakten stark am Unterhaltungswert von politischen Vorgängen interessiert.«

Björn Engholm wird konkret: »Erstens: Zieh dich anständig an, erstklassiges Auftreten erwarten sich auch einfache Menschen von Spitzenleuten. Zweitens: Sorge für eine gewählte und klare Sprache mit Argumenten, die Menschen begreifen können. Drittens musst du lernen, mit dem enormen Zeitdruck der elektronischen Medien umzugehen, wenn du ein komplexes Problem wie etwa die Flüchtlingsproblematik in dreißig Sekunden erklären sollst. Manchmal ist es besser, hier die Antwort zu verweigern und bessere Anlässe für eine öffentliche Äußerung zu suchen.«

Das ist mir wichtig: Vermeiden Sie den künstlichen Zeitdruck, der Ihnen von den Medien auferlegt wird. Zurückzurufen, statt gleich zu antworten, sich zu informieren, statt Unsinn von sich zu geben und einen Ort zu wählen, an dem Sie sich wohlfühlen, statt sich Kulisse, Setting und Umgebung von außen aufzwingen zu lassen und am falschen Fuß erwischt zu werden.

Gute Werkzeuge und Tipps finden Sie auch bei Michael Rossié und Elisabeth Ramelsberger in »Medientraining kompakt« auf 150 Seiten zusammengefasst. Bevor es ernst wird, ist auch ein Medientraining oder ein Mediencoaching sinnvoll.

Die Scheinwerfer der Öffentlichkeit aushalten bedeutet, mit Hitze, grellem Licht und Druck umzugehen. Das können Sie lernen, ohne vorher Erfahrungen in Hollywood gesammelt zu haben wie Ronald Reagan. Schlimmer ist es ohnehin meistens, wenn die Scheinwerfer wieder dunkel werden, Kamera und Mikrofone wegdrehen und das Interesse sich auf andere Personen richtet. Dann wünschen Sie sich vielleicht manchmal Ihre »alte« Rolle in der Öffentlichkeit zurück.

35. An der Schnittstelle zwischen Macht und Medien

Personen an der Schnittstelle zwischen Macht und Medien nehmen entweder Spitzenpositionen in der Gesellschaft ein oder sind profilierte Journalistinnen und Journalisten. Die einen müssen täglich mit Öffentlichkeit umgehen, die anderen begleiten die Machthaber kritisch in ihrem Tun. Die Interessen sind verschieden, die Reibeflächen sind groß und dennoch funktioniert es nicht ohne einander.

Eine Unbeugsame an der Spitze

Antonia Gössinger hat den Journalismus in der Kleinen Zeitung von der Pike auf gelernt. Sie beschäftigt sich seit Jahrzehnten mit der Landespolitik und ist mit ihrer Kolumne »Salz und Pfeffer« zur wichtigsten Politikjournalistin des Landes aufgestiegen. Wie hat sie das geschafft? »Mit Überzeugung und Glaubwürdigkeit. Erstere verpflichtet mich dem journalistischen Ethos, und Zweitere ist mein wichtigstes Kapital, das mich dorthin gebracht hat, wo ich heute bin.«

Sie hat nie gezögert, den Mächtigen auf die Finger zu klopfen. Durch diese Haltung war sie harten persönlichen Angriffen ausgesetzt, gleichzeitig wurde sie mit höchsten Auszeichnungen und Journalistenpreisen geehrt: Kurt-Vorhofer-Preis, der renommierteste Politik-Journalistenpreis in Österreich, Concordia-Preis für Pressefreiheit und die Auszeichnung als mutigste Journalistin Österreichs. »Eine Unbeugsame an der Spitze« lautete die logische Schlagzeile, als sie vor einigen Jahren zur Chefredakteurin der Kärnten-Ausgabe bestellt wurde. Von Politikern und Managern erwartet sie Überzeugung und Fachkenntnis, dass sie authentisch sind und nicht in Phrasen flüchten und dass sie als Menschen korrekt sind. Machtmenschen beider Seiten erinnert sie daran, dass Amtsträger einen Eid auf ein Land abgelegt haben oder Unternehmenszielen und journalistischen Prinzipien verpflichtet sind. »Diese Prinzipien sollten sie ernst nehmen, weil all diese Funktionen dürfen kein Selbstzweck sein. Macht ist nichts Verwerfliches. Man muss nur verantwortungsbewusst damit umgehen.«

Vom Zehn-Meter-Turm ins kalte Wasser

Christian Kern ist heute Österreichs Bundeskanzler. Schon länger konnte er sich im Inneren von Politik und Unternehmen perfekt bewegen und fand gleichzeitig von Menschen außerhalb Sympathie und Anerkennung. Er engagierte sich bereits bei den Sozialistischen Studenten und war später engster Mitarbeiter des Klubobmanns der SPÖ im österreichischen Parlament. Anschließend wechselte er als Vorstandsassistent in den staatlichen Verbundkonzern, Österreichs Stromerzeuger Nummer eins. Er bewährte sich, kam zu Vorstandsehren und erhielt einige Jahre danach die Chance, an die Spitze der Österreichischen Bundesbahnen (ÖBB) zu wechseln. Schon nach einigen Jahren wurde er regelmäßig als Kanzlerreserve gehandelt, 2016 erfolgt der Ruf in die Spitzenpolitik.

Er wird Bundeskanzler und springt wieder einmal »vom Zehn-Meter-Turm ins kalte Wasser«. Bei seinen ersten öffentlichen Auftritten in der neuen Rolle legt er einen fulminanten Start hin, wird nun um Autogramme gebeten und wie ein Star gefeiert. Auch mit den sozialen Netzwerken geht er professionell um wie nur wenige andere. Die Mühen der Kompromisssuche zwischen den politischen Partnern bleiben nicht aus. Diese könnten ungleicher nicht sein, obwohl sie seit Jahrzehnten in derselben Koalition regieren. Gemeinsame Erfolge zu erreichen, gestaltet sich zäh. Sein Rezept lautet: »Man braucht ein klares Zukunftsbild, das nicht nur die Richtung vorgibt, sondern auch einen Interessensausgleich herbeiführt. Wenn die Menschen deinen Weg nicht mitgehen, dann wirst du am Ende gar nichts erreichen.« Erfrischend ist seine Einstellung zur Medienarbeit: »Man darf sich vom permanenten Rauschen im Blätter-, Rundfunk- und Social-Media-Wald nicht zu sehr ablenken lassen und muss konsequent sein eigentliches Ziel im Auge behalten. Eine gute Schlagzeile ist erfreulich und wichtig, sollte aber nicht Selbstzweck sein.«

Christian Kern hat den Wechsel zwischen einer politischen Funktion, einer Topposition in einem Unternehmen und an die Spitze der Republik geschafft, der Unterschied aus seiner Sicht: »Die Wirtschaft wird von Zahlen dominiert, die unterm Strich auch stimmen müssen. Als Politiker muss man dagegen zuallererst die Anliegen und Nöte der Menschen verstehen, um erfolgreich zu sein.«

Im Herbst 2017 steht er auf dem Prüfstand. Neuwahlen sind angesagt, die Karten werden gemischt. Kann er seine gute Performance auch in Stimmen verwandeln?

Smarter Hardliner mit dem Zug zur Macht

Zuerst wusste man von Sebastian Kurz nur, dass er sehr jung war, als er der Öffentlichkeit als Staatssekretär für Integrationsfragen vorgestellt wurde. Tatsächlich hatte er zu diesem Zeitpunkt bereits eine mehrjährige politische Karriere hinter sich: Obmann der Jungen ÖVP, der Jugendorganisation der Österreichischen Volkspartei, Mitglied des Wiener Gemeinderates und bestens vernetzt. Auch einige Parteigranden konnte er auf sich aufmerksam machen. Der damalige Vizekanzler holte den talentierten 25-Jährigen vor den Vorhang und hob ihn gegen zahlreiche kritische Stimmen in ein politisches Spitzenamt. Mit gutem Zuhören und aufmerksamer

Kommunikation, Kontakt mit wichtigen Stakeholdern gelang es ihm in Kürze, viele Meinungsbildner für sich einzunehmen. Die Zweifel, wie lange das gut geht, wurden leiser.

Bald darauf wurde Kurz jüngster Außenminister Europas. Das Auswärtige Amt erhielt in einer turbulenten Zeit einen 27-Jährigen als Chef. Ein Affront, der nicht gut gehen konnte. Irrtum: Auch hier erreichte er rasch Respekt und Zustimmung. Im Vertrauensindex des OGM-Meinungsforschungsinstituts rangierte er nach dem Bundespräsidenten auf Platz zwei unter den vertrauenswürdigsten Politikern. Nach dessen Ausscheiden rückt Sebastian Kurz auf Platz eins vor. Inzwischen hat er einen Schwenk vollzogen. Angesichts der Flüchtlingsströme in Europa wandelt er sich vom verständnisvollen Integrationspolitiker zum Hardliner und vertritt Positionen, mit denen er jedem Innenminister zum Konkurrenten wird. Das Kommentieren funktioniert aus der Position des Außenministers allerdings besser. Einladungen zu Talkshows im deutschen Fernsehen folgen auf dem Fuß und bald wird er als idealer Kanzlerkandidat für seine Partei gehandelt. Im Frühjahr 2017 macht Kurz indirekt die NGOs für das Ertrinken von Flüchtlingen im Mittelmeer verantwortlich. Diese Zuspitzung sichert ihm aufs Neue die Schlagzeilen der Medien.

Im Mai 2017 schafft es der 30-Jährige ganz an die Spitze: Der bisherige Vizekanzler hat aufgegeben. Kurz nimmt volles Risiko, stellt seiner Partei harte Bedingungen für eine Kandidatur zum Parteichef und wird Kanzlerkandidat. Er ruft Neuwahlen aus. Im Herbst 2017 wird sich zeigen, ob seine Strategie aufgeht oder ob er diesmal einen Schritt zu weit gegangen ist.

36. Spielregeln für den Weg an die Spitze

- Eine Spitzenfunktion in Politik, Wirtschaft und Gesellschaft bedeutet fast immer, eine öffentliche Rolle zu übernehmen. Das schafft vor allem am Beginn Unsicherheit.
- Grundsätzlich haben Sie eine Vielzahl von Möglichkeiten, wie Sie diese Rolle anlegen und ausfüllen. Je besser es gelingt, desto eher empfindet Ihr Publikum Sie als authentisch.
- Medien schaffen eine eigene Wirklichkeit, auch diese Realität muss bedient werden. Für die meisten Führungskräfte gibt es zu einer aktiven Medienarbeit keine Alternative.
- Wie sieht das Stärkeverhältnis zwischen Medien und Machthabern aus? Meistens ist keine Seite automatisch im Vorteil oder im Hintertreffen. Das Berufsfeld der Journalisten ist schwieriger geworden, die Public-Relations-Abteilungen werden immer professioneller.
- Die sozialen Netzwerke sind keine Medien im klassischen Sinn, stellen aber beide Seiten – Verantwortungsträger und etablierten Medien – vor neue Aufgaben.
- Bekannt zu werden ist das A und O. Wir vertrauen nur Personen, die wir kennen. Dafür lohnt es sich, öffentlich Konflikte auszutragen, gute Inszenierungen vorzubereiten und sich mit den Werkzeugen der Medienarbeit anzufreunden.
- Medienarbeit ist Chefsache und kann nicht auf Dauer delegiert werden. Dafür brauchen Sie manchmal eine dicke Haut und Belastungsvermögen. Ehrliches Interesse und eine Kommunikation auf Augenhöhe sind Voraussetzungen für die Zusammenarbeit.

KAPITEL 7

Ohne Kommunikation ist alles nichts – die Menschen mitnehmen

37. Die eigentliche Führungsaufgabe

Im vorigen Kapitel sind die großen Bühnen im Mittelpunkt gestanden, wir haben uns mit Hollywood, dem amerikanischen Präsidenten, mit Rolle und Publikum und mit der Welt der Medien beschäftigt. Glanz und Glamour, große Gesten und gute Inszenierungen erhöhen Ihre Bekanntheit. Das Scheinwerferlicht der Öffentlichkeit zu suchen, bringt Wettbewerbsvorteile und viele Möglichkeiten, Einfluss zu nehmen und Wirkung zu erzielen. Wer nicht auffällt, fällt durch.

In diesem Kapitel geht es wieder um Kommunikation, allerdings aus einem anderen Blickwinkel heraus: Alltag statt Show, Public Relations oder Öffentlichkeitsarbeit statt Medienarbeit, die stets nur ein Teil im Kommunikationsmix sein kann. Es zahlt sich aus, sich mit den kleinen Bühnen und der täglichen Kommunikation von Führungskräften zu beschäftigen.

Topmanager verbringen 50, 60, manchmal 70 Prozent

und mehr ihrer Arbeitszeit mit Kommunikationsaufgaben, Tendenz stark steigend. Für ihre »eigentliche« Führungstätigkeit bleibt dann nur mehr der kleinere Teil der Woche übrig. Entscheiden, Organisieren, Kennzahlen prüfen, Strategien entwickeln und vieles andere kommt dabei immer zu kurz. Aber könnte es nicht sein, dass ohnehin der »kommunikative« Part Ihre eigentliche Führungsaufgabe ist und alles andere an die zweite Stelle gehört? Eine regelmäßige Information der Mitarbeiterinnen, Hintergrundgespräche mit wichtigen Partnern, ein Austausch mit Ihren Lieferanten, dazu manches wichtige Schreiben und die Medienarbeit gehören als Fixpunkte in Ihr tägliches Arbeitspensum integriert. Kommunikation ist kein Störfaktor, der die anderen Aufgaben verdrängt. Kommunikation ist Chefsache und somit Ihre zentrale Führungsaufgabe!

Im kleinen Team

Ich arbeite mit einem Team von vier Mitarbeiterinnen zusammen. Unsere Büros sind nebeneinander. Wenn ich ein Dokument vom zentralen Drucker hole, habe ich Blickkontakt zu jeder Mitarbeiterin. Ein idealer Zustand, um Kontakt zu halten und sich laufend zu informieren. Trotzdem treffe ich manche Entscheidung, ohne mein Wissen rechtzeitig an die Kolleginnen weiterzugeben. Nachher wundere ich mich, wenn Dinge nicht so rund laufen, obwohl ich es selbst verabsäumt habe, die anderen ins Boot zu holen.

Diese Situation ist vergleichsweise harmlos. Das nicht Gesagte kann ich später nachholen. Wenn Sie eine Mitarbeiterin durch Ihre Nicht-Kommunikation aber erstens kränken und Ihnen das zweitens nicht auffällt, dann hat das große Folgen für die Motivation. Die Gedankenlosigkeit wieder in Ordnung zu bringen, erfordert mehr Aufwand als ein Gespräch im richtigen Moment.

Vielleicht können die Chefs großer Unternehmen solche Befindlichkeiten ignorieren, sie haben anderes zu tun. Rücksicht hier und Vorsicht da ist keine Maxime ihres Handelns. Sie müssen robust sein und darauf achten, dass es ihnen selbst gut geht. Doch auch sie stehen in der Auslage, schlechte Führung schlägt auf den Unternehmenserfolg durch. Menschen sind der Erfolgsfaktor Nummer Eins. Menschen, die führen, erst recht. Dass der Erfolgsfaktor Mitarbeiter und der Erfolgsfaktor Führungskraft gut zusammenwirken, ist spielentscheidend. Zusammenarbeit erfordert Kommunikation. Ohne Kommunikation ist daher (fast) alles nichts.

Öffentlichkeitsarbeit beginnt zu Hause

Höchste Zeit, Sie an eine Faustregel zu erinnern: »Public Relations begin at home« – Öffentlichkeitsarbeit beginnt im eigenen Haus. Warum Sie auch die kleinen, scheinbar unwichtigen Gelegenheiten für Ihre Kommunikation beachten sollten, hat genau damit zu tun. Erfolgreiche Kommunikation läuft von innen nach außen. Wenn Sie Ihre Mitarbeiter und die wichtigen Personen aus Ihrem Umfeld nicht informieren und überzeugen, werden Sie früher oder später Schiffbruch erleiden. Hochglanzprospekte und gelungene Auftritte nach außen nützen wenig, wenn die Personen in Ihrer Organisation Zweifel haben und mit anderen darüber reden. Das kann für eine bestimmte Zeit gutgehen, auf Dauer selten. Public Relations beginnen im eigenen Haus, interne Kommunikation kommt vor externer Kommunikation. Wer das nicht beachtet, gibt bares Geld aus der Hand.

Als Student leitete ich einige Sommer lang ein Saisonhotel und kooperierte mit einem anderen Hotelier. Die Zusammenarbeit war für mich nicht seriös, weshalb ich sie bald beendete. Ein ordentlicher Rüffel vom Generaldirektor war die Folge. Ich hatte zwar an die Bedürfnisse meines Hauses gedacht und die Konsequenzen gezogen. Im jugendlichen Temperament unterließ ist es aber, rechtzeitig meinen Chef zu informieren, ich hatte es einfach vergessen. Wenn Sie ebenfalls einmal glauben, in den Krieg ziehen zu müssen, versichern Sie sich bitte vorher aller Partner, erst recht, wenn es sich um Ihre Vorgesetzten handelt.

Im eigenen Haus meine ich wörtlich. Wer schon in der Familie als rücksichtslos gilt, wird kaum ein positives Bild nach außen abgeben. Gleiches gilt für das enge Umfeld: Wenn Sie hier kein Vertrauen und keinen fairen Austausch zulassen, wie sollen Sie auf Dauer positiv nach außen wirken? Ja, es darf sogar diskutiert, gelästert und gelacht werden. Das hat viel mit Ihrer Lebensqualität als Chef zu tun. Wenn Ihr Umfeld krisensicher ist, werden Sie viel aushalten. Fühlen Sie sich hingegen von Dummköpfen umgeben, werden Sie Dummheit und Fehlleistungen ernten. Schade, wenn andere unter Ihrer Einstellung leiden und demotiviert werden, noch mehr schade für Sie selbst, weil Sie täglich Nerven und Energie liegen lassen.

Während ich diese Zeilen schreibe, ist Ari Rath, der langjährige Chefredakteur der »Jerusalem Post« gestorben. Die Jerusalem Post ist über Israel hinaus bekannt, weil sie in englischer Sprache erscheint. In einem Vortrag in Salzburg schilderte Ari Rath ein Beispiel, wie die Kommunikation des Staates Israel am Vorabend eines Krieges läuft: Wenige Stunden, bevor die Panzer rollen und die Kampfjets vom Boden abheben, werden die Chefredakteure der wichtigsten Zeitungen an einem geheimen Ort bestellt und über den bevorstehenden Militärschlag informiert. Bemerkenswert daran ist: Auch die Vertreter regierungskritischer Medien sind dabei.

In aller Regel geht es glücklicherweise nicht um die Existenz eines ganzen Staates und unsere Führungskräfte befinden sich nicht im Krieg. Am Beispiel von Ari Rath finde ich beeindruckend, wie hier von innen nach außen kommuniziert wird. Von Beginn an werden die Ziele transparent gemacht, sogar kritische Geister sind eingebunden. Der Frust über manche Maßnahme ließe sich verhindern, wenn die Frau oder der Mann an der Spitze mit ihrem Team rechtzeitig mitdenken und bei schwerwiegenden Entscheidungen alle Varianten der Kommunikation durchspielen und von innen heraus vorbereiten würde.

Machtmenschen sind Menschen

Machtmenschen dürfen autoritär sein, feige oder harmoniebedürftig. Sie dürfen fluchen, cholerisch sein oder sich zurückziehen, wenn sie sich gerade selbst nicht ausstehen können. Sie dürfen verzweifelt, ratlos und deprimiert sein. Mensch sein, Mensch bleiben und Schwächen haben und zeigen muss möglich sein. No-Go ist für mich, diese Schwächen nur bei anderen zu sehen. Unangebracht sind Zynismus, Rücksichtslosigkeit und Besserwisserei. Das schlimmste Übel besteht darin, nur dann gut drauf zu sein, wenn es andern schlecht geht. Viel besser ist es, auch hie und da über sich selbst zu schmunzeln.

Machtmenschen dürfen auch in ihrer Kommunikation von Zeit zu Zeit Fehler machen, das ist menschlich. Aber überlassen Sie Ihre wichtigsten Gespräche nicht dem Zufall oder Ihren Launen. Es wird Menschen geben, mit denen das gut funktioniert, doch alle werden Sie nicht erreichen. Öffentlichkeitsarbeit meint stets die geplante Kommunikation mit Ihren Anspruchsgruppen. Dadurch unterscheidet sich Ihre Führungskommunikation von jedem privaten Gespräch. Für diese geplante und zielgruppengerechte Kommunikation brauchen Sie Sicherheit und einen Roten Faden.

38. Die kleinen Bühnen für die Kommunikation von Führungskräften

Nicht jedes Ihrer Gespräche will ich analysieren, es geht um Ihre Kommunikation in der Führungsrolle. Richten wir den Blick auf die kleinen Bühnen: Wo sind die Schnittstellen, wo Sie mit Ihren Partnern reden? Anne M. Schüller hat den passenden Begriff:»Touchpoints«. Auf Deutsch»Kontaktpunkte«, noch besser klingt das Wort»Berührungspunkte«. Wo kommen Sie mit Menschen in Berührung, wo berühren Ihre Worte andere und wodurch werden Sie selbst berührt? Was ich vorhin als kleine Bühnen bezeichnet habe, nennt Schüller»Momente der Wahrheit«. Dort aufzutreten ist für sie die »Meisterschaft der kleinen Dinge«.

Meisterschaft der kleinen Dinge

Fredmund Malik bezeichnet das Management als den wichtigsten Beruf einer modernen Gesellschaft. Schließlich hängt fast alles, was in der Gesellschaft wichtig ist, von der Professionalität und Qualität ab, mit der dieser Beruf ausgeübt wird. Gestaltende, steuernde und lenkende Funktionen beeinflussen die Wertschöpfung und das Wohlstandsniveau. Das mag man schätzen oder nicht, es bedeutet aber, dass Sie mit kleinen Gesten und wenigen Worten viel bewegen können. Wo würde ich ansetzen?

Ich nehme wieder Anleihe bei Anne M. Schüller, ihre »Drei-Minuten-Technik« passt auch für Führungskräfte: Was tut und erlebt eine Mitarbeiterin in den drei Minuten, bevor sie ein Gespräch mit ihrem Chef führt? Was tut und denkt ein anderer Mitarbeiter in den drei Minuten, nachdem er mit seiner Chefin gesprochen hat? Wie diese drei Minuten empfunden werden, saget viel über die Person aus, die vorne steht. Nähere ich mich mit Beklemmung der Machtzentrale und bin nachher froh, das »Allerheiligste« wieder zu verlassen? Oder freue ich mich auf einen Austausch mit dem Chef und habe nachher das Gefühl, das er mir mit Interesse zugehört hat? Wie erwähnt, es sind nur je drei Minuten. Da geht es um persönliches Statusverhalten, da wird Souveränität, protziges Gehabe, Understatement oder anderes kommuniziert. Der erste Eindruck kann nicht wiederholt werden, egal bei welchen Gelegenheiten er entstanden ist: im Lift, im Büro, beim Essen oder in einer privaten Situation, in der Sie sich unbeobachtet fühlen.

Ihr Vorzimmer und Ihr persönliches Umfeld

Viele von Ihnen kennen ihn – meistens ist es eine Sie – den berühmten »Vorzimmerdrachen«! Wir finden ihn in Arztpraxen, in den Vorstandsetagen der Unternehmen und in den Vorzimmern von Politikern. Jeder und jede will zum Chef, Sie brauchen jemanden, der gnadenlos alle Unbill fernhält und dabei nicht zimperlich ist. Zum Glück habe ich mit meiner Kollegin und früheren Mitarbeiterin Brigitte Waldner eine andere Variante kennengelernt. Unabhängig von den Launen ihrer Vorgesetzten, der Stimmung im Büro oder den Auswirkungen des Vollmondes auf das Klientel hat sie stets freundlich und warmherzig, gleichzeitig geduldig und klar die Termine ihrer Chefs organisiert. Wer immer persönlich, per E-Mail oder am Telefon zu ihr kam, wurde mit seinem Anliegen aufgenommen und ernstgenommen. Auch diese Form eines ersten Eindruckes ist möglich. Das empfinden nicht nur Außenstehende als angenehm, vor allem das eigene Team ist positiv gestimmt – vom Chef ganz zu schweigen. Machtmenschen sollten schon aus Gründen der Kommunikation ihren Mitarbeiterstab nie dem Zufall überlassen. Arbeitsteilung ist gestattet, alle sind nicht gleich, aber die verschiedenen Instrumente des Orchesters sollen zusammenspielen. Ausreden gelten nicht.

Gespräche mit dem Chef und Meetings

Wie laufen Gespräche ab, wenn Mitarbeiterinnen, Kunden, Lieferanten, Partner oder Externe zu Ihnen kommen? Wie gehen Sie mit Untergebenen um, wie mit höherrangigen Personen? Eine besondere Visitenkarte ist der Ablauf Ihrer Meetings und Besprechungen: Was ist dort möglich, was nicht? Muss die geltende Hackordnung demonstriert werden oder verfügen Sie über so viel natürliche Autorität, dass Diskussion und Kritik stattfinden? Ob es Mitarbeitergespräche gibt und wie diese ablaufen, hat ebenfalls viel mit Kommunikation und interner Öffentlichkeitsarbeit zu tun. Machen Sie sich rechtzeitig Gedanken darüber, welche Wirkung Sie erreichen wollen. Wie wird in Ihrer Organisation mit Konflikten umgegangen, werden diese mit Machtbewusstsein und voller Härte ausgetragen, eher elegant oder gar nicht? Auch wie Sie Verhandlungen führen, lässt Rückschlüsse auf Sie und Ihr Unternehmen zu und prägt Ihr Image.

Auftreten in der Öffentlichkeit

Eine weitere Bühne ist das Auftreten von Führungspersonen in der Öffentlichkeit – gerade dann, wenn keine Journalisten dabei sind. Ich denke an Erlebnisse beim Fliegen oder in der Bahn, erste Klasse. Manager der unteren Ebenen haben manchmal das Bedürfnis, sich zu produzieren, wenn etwas danebengeht oder Verspätungen stattfinden. Der Vorstandsvorsitzende des großen Automobilkonzerns hingegen schmunzelt nur, wenn er zum Bedauern des Personals diesmal nicht seinen bevorzugten Platz bekommt. Er muss auch nicht die übrigen Mitreisenden per Mobiltelefon von seiner Wichtigkeit überzeugen. Er ist schon wichtig und wirkt allein dadurch souverän, dass er auf die Demonstration seiner Machtfülle verzichtet.

Krisen

Kommunikation kommt auch dadurch zum Ausdruck, wie Sie mit Krisen umgehen. Sind Sie auf mögliche Negativszenarien vorbereitet oder trifft es Sie unerwartet? Krisen haben es an sich, dass Sie weder ihre Wahrscheinlichkeit und ihr Ausmaß noch Dynamik und Verlauf vorhersehen können. Kopf in den Sand stecken und hoffen, dass nichts passiert, ist keine gute Idee. Ebenso wenig nützt blinder Aktionismus, um Handlungsfähigkeit zu demonstrieren. Handeln Sie in Extremsituationen mit ruhiger Hand, statt noch mehr Chaos zu verursachen. Gehen Sie gezielt an die Öffentlichkeit und informieren Sie über den Stand der Dinge, statt sich von anderen treiben zu lassen. Ein professioneller Krisenstab dient der Problemlösung und der Kommunikation.

Mit Zeit umgehen

Manche Führungskräfte vermitteln ihren Gesprächspartnern das Gefühl, dass sie ihnen wertvolle Zeit stehlen. Mitarbeiter werden zu Rücksprachen beim Chef zitiert und warten auf eine »Audienz«, während der Boss mit seinen Kumpels telefoniert. Lieferantinnen werden im Vorzimmer abgefangen und Kooperationspartnern wird signalisiert, dass man eigentlich Wichtigeres zu tun hätte. Ein Abteilungsleiter behandelt Rückfragen seiner Mitarbeiter und andere Gesprächstermine mit Priorität: »Wozu wäre ich denn sonst da, wenn ich nicht ständig dafür sorgen würde, dass die anderen weiterarbeiten können?« Seither nehme ich mir diese Haltung zum Vorbild, auch wenn der Stress gerade besonders groß ist.

Die vielen kleinen Bühnen gut zu nutzen, füllt die englischen Begriffe aus der Markenbildung mit Leben: Corporate Identity, Corporate Design, Corporate Communication oder Corporate Behaviour. Der Kommunikationsmix einer Führungskraft ist vielfältig – am Telefon, schriftlich oder persönlich. Wählen Sie Anlässe, Themen und Gelegenheiten für Ihre persönliche Öffentlichkeitsarbeit sorgfältig aus. Schnittlauch auf allen Suppen zu sein, ist keine Strategie, nicht zu kommunizieren funktioniert ebenso wenig. Üben Sie sich im Marketing in eigener Sache und werden Sie selbst zu einer starken Marke!

39. Sprachlosigkeit ist undemokratisch und wenig professionell

Öffentlichkeitsarbeit ist mehr als Medienmanagement. Sie benötigen eine eigene Agenda für den Austausch mit Ihren Stakeholdern. Einige Bühnen dafür habe ich aufgezählt. Wer zu Ihren Dialoggruppen zählt, hängt von Ihrer Aufgabe ab. Sie wissen schon, es geht nie um »alle«, sondern um klar definierte Gruppen von Menschen, die für Sie und Ihre Arbeit relevant sind.

Das Um und Auf erfolgreicher Kommunikation zeigt sich bei Ihren Entscheidungen: neue Projekte und Maßnahmen, jede Veränderung, Personalentscheidungen, neue Produkte, Expansion oder Entlassungen. Jede Weichenstellung an der Spitze hat Auswirkungen auf Menschen in und außerhalb Ihrer Organisation. Machthaber in Politik und Wirtschaft wissen das und sollten danach handeln. Zu oft herrschen Sprachlosigkeit, Diskussionsverweigerung und die Uneinsichtigkeit, für Entscheidungen öffentlich einstehen zu müssen.

Viel reden, ohne etwas zu sagen

Manche verschanzen sich hinter den PowerPoint-Präsentationen der Unternehmensberater, den Gutachten von Experten oder verweisen auf ihre Fachbeamten. Andere nehmen die Medien, den Druck der Straße oder Volkes Meinung zum Vorwand, weder zuständig noch verantwortlich zu sein. Besonders geistreiche Zeitgenossen vernebeln diese Sprachlosigkeit durch Geschwätzigkeit. Das halte ich für eine schlimme Seuche.

Wenn meine Coaching-Kunden mir im Medientraining anvertrauen, dass sie von den Politikern gerne lernen würden, viel zu reden und wenig zu sagen, reagiere ich sehr energisch. Verdammt noch mal, genau das sollen Sie nicht lernen, dafür ist jede Minute zu schade! Da ist Schweigen besser. Sie müssen nicht ständig kommunizieren, Pausen sind gut. Wenn Sie sich äußern, dann sollten Sie etwas zu sagen haben. Viele haben sich dieses Schwafeln und dieses Labern aus Unsicherheit angewöhnt und müssen sich später um viel Geld mühsam wieder abtrainieren, was ihnen ohnehin nicht in die Wiege gelegt wurde. Kinder können klar kommunizieren und kommen ohne Umweg zum Punkt.

Entscheiden und darüber reden

Sprachlosigkeit ist undemokratisch und unprofessionell. Menschen wenden sich unter Grauen oder resignierend vom Geschehen an der Spitze ab – und das gleich aus mehreren Gründen:

- Entscheidungen werden nicht oder nur halbherzig getroffen.
- Wenn Aufschieben nicht mehr geht, prüft niemand, ob eine Entscheidung »kommunikationsverträglich« ist. Können Sie diese den Betroffenen vernünftig erklären?
- Irgendwann müssen Verantwortungsträger ihre Entscheidungen nach außen transportieren und begründen. Oft tun sie das nicht oder zu spät.
- Sobald es den ersten Unmut, Kritik und Widerstand gibt, geht die Unternehmensspitze auf Tauchstation. Niemand findet sich, der öffentlich noch dazu steht. Die erforderlichen Gespräche werden anderen oder gleich der Gerüchteküche überlassen.

Sprachlosigkeit bringt Sand ins Getriebe und hat manche notwendige oder gut gemeinte Entscheidung ausgehebelt. Das verlorene Vertrauen kommt nicht zurück. Machtmenschen machen es anders, sie entscheiden trotz schwieriger Ausgangslage, diskutieren Für und Wider und gehen am Ende Schritt für Schritt nach außen. Sie planen, wen sie wann und wie informieren und vor allem, wie sie mit berechtigten Gegenargumenten umgehen. Im Konfliktfall muss klar sein, ob die Entscheidung aufrecht bleibt und vor allem, wie Meinungsunterschiede so professionell wie möglich ausdiskutiert werden.

Kommunizieren ist schwierig, konsequente Nicht-Kommunikation nur auf den ersten Blick einfacher. Sie brauchen kein feinmaschiges PR-Konzept, keine Hochglanzbroschüre und keinen durchgestylten Newsletter. Sie schaffen es sowieso nicht, für alle Themen eigene Medien herzustellen und zentral zu versenden. Das ist nicht zielführend. Denken Sie lieber rechtzeitig an die »Begleitmusik« und setzen Sie so oft wie möglich auf direkte Kommunikation des Chefs. Bleiben Sie unterscheidbar und einzigartig, greifbar und angreifbar!

Worte wirken

Das nette Wort des Spitzenpolitikers, der passende Satz der Topmanagerin oder eine persönlich gehaltene Rede im richtigen Moment sind Gold wert. Aus Ihrer Machtposition heraus das direkte Gespräch zu suchen, ist ein kraftvoller Hebel für das Image. Dann schaffen Sie es auch, die mit Ihrer Führungsrolle verbundenen Pferdestärken auf den Boden zu bringen.

Noch eine einfache Möglichkeit haben Sie zur Verfügung: Stellen Sie Fragen! Menschen sind eitel und jeder von uns wird gerne um seine Meinung gefragt, solange das nicht nur alibihalber geschieht. Unternehmensberater machen es so und befragen als Erstes die Mitarbeiter, präsentieren wenige Wochen später die Ergebnisse im Vorstandsmeeting und erzielen manchen Aha-Effekt. Sie wissen, wie viel Know-how im Unternehmen schon vorhanden ist. Das können Sie schneller und billiger haben, indem Sie selbst nachfragen und ein feedbackfreudiges Umfeld zulassen und organisieren. Dieser Aufgabe sollten sich Menschen in Schlüsselpositionen stets aufs Neue stellen.

Bewusste Kommunikationsstrategie

Planen Sie Ihre Führungskommunikation bewusst. Neben der allgemeinen Strategie für Ihre Partei und für Ihr Unternehmen brauchen Sie eine eigene Kommunikationsstrategie. Auf Basis der Arbeiten von Karl Nessmann stelle ich Ihnen dazu eine Checkliste vor:

- ■ *Selbstmanagement:* Checken Sie die kommunikative Ausgangslage, testen Sie Ihr Image. Beachten Sie die Chancen und Risiken für Ihre Person. In US-Wahlkämpfen werden auch die Lebensläufe der eigenen Kandidaten geprüft, um auf spätere Angriffe und Enthüllungen vorbereitet zu sein.

- *Impression Management:* Wie soll der erste Eindruck ausfallen, für den es angeblich keine zweite Chance gibt? Das beginnt beim ersten Händeschütteln und hat viel mit Ihrer Selbstdarstellung zu tun.

- *Medien- und Themenmanagement:* Auf welchen Kanälen möchten Sie andere ansprechen und welche Themen sind dafür geeignet? Sie wirken dann stark, wenn Sie für ein Thema stehen, das Ihnen liegt und zu dem Sie etwas zu sagen haben.

- *Soziales Management:* Pflegen Sie Ihre Netzwerke und leisten Sie einen Beitrag für die Gesellschaft. Nützen Sie Ihre Bekanntheit und Prominenz für gute Projekte und unterstützen Sie diese. Verwenden Sie Ihre Machtposition, um jenen zu helfen, die sonst keine Lobby haben. Björn Engholm appelliert:»Politik und Unternehmen sind Dienstleister – für das Volk oder für Konsumenten und Investoren. Beide müssen begreifen, dass Demut gegenüber denen nötig ist, die ihnen ihre Position erst ermöglichen.« Zu dieser Demut gehört es auch, der Gesellschaft etwas zurückzugeben. Das Wie bleibt Ihnen überlassen.

Sie haben viele Möglichkeiten, die Sprachlosigkeit an der Spitze zu durchbrechen und Ihr Image in kleinen Schritten zu gestalten. Vergeben Sie diese Chance nicht leichtfertig! Schließlich möchten Sie Menschen erreichen.

40. Menschen erreichen – was zählt ist, was ankommt

Ohne Kommunikation ist fast alles nichts, auch wenn Sie Ihre sonstigen Aufgaben gut beherrschen. Sie wollen Menschen mitnehmen – wenigstens die, auf die es ankommt! Sie können gar nicht nicht kommunizieren, wie wir von Paul Watzlawick schon lange wissen. Wir kommunizieren immer und wirken dauernd, auch ohne Absicht. Ziel unseres Handelns ist, andere Menschen zu erreichen.

Abteilungen werden zusammengelegt, Unternehmen fusionieren. Nach einer schwierigen Übergangsphase steht die erste Weihnachtsfeier an. Die Stimmung ist schlecht, die Unsicherheit groß, weshalb trotzdem niemand fehlen will. Festlich gekleidet sitzen alle bei Tisch und warten auf das Essen. Der für viele neue Chef geht zum Mikrofon und hält eine Rede, blickt zurück auf anstrengende Monate, betont die gute Kultur, zitiert große Dichter und Denker – dem Anlass entsprechend. Am Ende wünscht er besinnliche Feiertage. Eigentlich alles bestens und doch hat etwas Entscheidendes gefehlt. Keinen Satz hat er an die neuen Kolleginnen und Kollegen gerichtet, sie weder gesondert begrüßt noch im Kreis willkommen geheißen oder ihnen gesagt: »Schön, dass Sie bei uns sind« oder etwas Ähnliches. Der Satz, der nicht gefallen ist, wird zum Tischgespräch. Eine Chance ist vertan, obwohl es doch so einfach gewesen wäre.

Die Menschen mitnehmen

Menschen wollen keine Veränderungen, meint Bruno Hartmann in »Drahtseilakt Unternehmenswandel«. Sogar dem gewohnten Übel wird noch der Vorzug gegeben. Jetzt ist es Ihre Aufgabe als Führungskraft, die Menschen trotzdem mitzunehmen, wenn sich Umstrukturierungen nicht vermeiden lassen. In vielen Unternehmen und Institutionen findet mehr Demotivation statt, als wir uns vorstellen können – unbeabsichtigt, ungeplant und unnötig.

Sie werden andere nur erreichen, wenn Sie sie abholen. Bewegen Sie sie zum Zuhören und bemühen Sie sich darum, verstanden zu werden – einfach und banal. Manche Redner und Chefs verzichten auf beides – auf die Ohren des Publikums und auf sein Verständnis. Erst nach Schritt eins und zwei haben Sie die Chance, mit Ihrem Inhalt durchzukommen, Unterstützung, Begeisterung oder Nachdenken zu erreichen.»CEO-Kommunikation« zieht eine Parallele zur Politik und sieht auch Topmanager ständig in einer Art Wahlkampf, weil sie ebenfalls um Sympathie und Gefolgschaft werben müssen.

Internet, E-Mails mit endlosem CC-Verteiler, WhatsApp, Kurzvideos und Sprachnachrichten aller Art – kein Wunder, dass der Wunsch der Menschen nach direkter Ansprache immer größer wird. Sie schätzen den Blickkontakt, wünschen sich klare Worte und dass Sie ihnen zuhören. Beim Reden kommen die Leute zusammen, beginnen Sie mit den Menschen an Ihrer Seite, Ihren Mitarbeiterinnen und Mitarbeitern. Wenn Sie jemals neue Leute gesucht, hoffentlich gefunden, später eingestellt und ausgebildet haben, wissen Sie, wie viel Zeit und Aufwand das bedeutet. Das allein wäre Grund genug, dem bestehenden Team noch mehr Aufmerksamkeit zu widmen und mit den bewährten Begleitern gemeinsam zu wachsen.

Klarheit kommt an

Sorgen Sie für Klarheit. Es muss sich lohnen, Ihnen zuzuhören, Ihre Briefe und E-Mails zu lesen. Beim Kommunizieren geht es nicht nur um Ihre ehrliche Absicht, was Sie gemeint haben, oft nicht einmal um das tatsächlich Gesagte oder Geschriebene. Kommunikation ist das, was ankommt. Ihr Empfänger entscheidet, ob Sie ihn erreicht haben und was davon hängenbleibt. Wenn Sie das beherzigen, werden Sie die Menschen erreichen. Dann können Sie stolz auf sich sein, das Ergebnis zählt!

Vor Jahren hatte ich eine kurze Besprechung mit Bürgermeister Helmut Manzenreiter. Meinen Vorschlag für eine Podiumsdiskussion lehnte er ab und wollte eine andere Besetzung. Meine Nachfrage, ob dies nun das letzte Wort sei, beantwortete er mit »Ja«. Die Diskussion war beendet und ich über so viel Klarheit etwas erschrocken. Später erzählte mir eine Mitarbeiterin schmunzelnd: »Das ist bei uns immer so. Du weißt, wie du dran bist.« Diese Deutlichkeit ist nicht bequem, und doch vermisse ich sie oft bei meinen heutigen Gesprächspartnern.

Wie ein Schmiermittel hält Kommunikation die Motoren unserer Gesellschaft am Laufen und verhindert, dass sie zu stottern beginnen, heiß werden oder am Ende alles auseinanderfällt. Nützen Sie dieses Schmiermittel, so gut es geht. Es hält Parteien, Unternehmen und die Demokratie zusammen. Erst Kommunikation macht Machthaber zu Machtmenschen!

41. Kommunikation als Chefsache

In meinen vielen Gesprächen mit Verantwortungsträgern aus Politik, Wirtschaft und Medien hatte ich es mit Persönlichkeiten zu tun, die auch in ihrer Kommunikation stark waren. Ich greife vier von ihnen heraus, die eines gemeinsam haben: Sie haben Kommunikation nie unterschätzt und stets als Chefsache behandelt.

Ohne Leadership gerät Europa in Gefahr

Ein gutes Gespräch habe ich mit Franz Fischler, Österreichs erstem EU-Kommissar geführt, der immerhin zwei Perioden an der Spitze des damals mächtigsten Ressorts für Landwirtschaft stand. Bei ihm erkennt man viel Bodenständigkeit, er ist stark verwurzelt in seiner Heimat Tirol mit dem bäuerlichen Betrieb seiner Familie. Gleichzeitig vermochte er schon immer über den Tellerrand hinauszublicken. Obwohl er als hochrangiger Mitarbeiter der Landwirtschaftskammer Interessensvertreter zu sein hatte, war ihm reine Klientelpolitik stets zu wenig. Politische Funktionen hatte er nie angestrebt, er meint, dass das ohnehin nicht funktionieren würde. Dennoch sagte er nach kurzer Bedenkzeit von wenigen Stunden Ja, als die Chance da war, Landwirtschaftsminister zu werden.

Seine höchste Funktion erreichte er als erster EU-Kommissar nach dem Beitritt seines Landes zur Europäischen Union. Im äußeren Erscheinungsbild mit stattlicher Körpergröße und Vollbart war er schon optisch der ideale Bauernvertreter. In seinen Entscheidungen, Ansichten und Aussagen blieb er weltoffen und an Themen interessiert, die weit über seine Ressorts hinausgingen. Die kommunikative Seite seiner Machtposition hatte er stets im Blick: »Die Bürger müssen das Gefühl bekommen, dass sie informiert sind, man es gut mit ihnen meint und man sie ernst nimmt. Das hat viel mit Motivation und Kommunikation zu tun. Das ist das Entscheidende, dann können Sie den Rest vergessen.«

Die bis dahin größte Agrarreform der Europäischen Union konnte er nur durchbringen, weil er Partner aus anderen Ressorts gefunden hatte, ohne die im Mechanismus der europäischen Organe nichts umzusetzen war. Er musste sich mit der mächtigen Agrarlobby verschiedener Staaten ebenso herumschlagen wie später mit den Fischereiverbänden, die einem Europapolitiker das Leben richtig schwer machen konnten. »Zum Einstand« hatte er von Brüssel aus gleich mit der BSE-Krise zu kämpfen und angesichts der damals neuen Seuche Entscheidungen zu treffen, die auch im Nachhinein Bestand hatten. In seiner Amtszeit war es ihm gelungen, die schwierigen und komplexen europäischen Themen herunterzubrechen, verständlich zu machen und immer wieder zu den Bürgerinnen und Bürgern durchzudringen. Daran scheitert heute das Gros der EU-Politiker. Mit der ihm eigenen Kombination aus Bodenhaftung und Aufgeschlossenheit hat er vieles besser geschafft als manch andere. Sein Resümee: »Macht braucht Kontrolle aber auch Machtträger. Deshalb ist heute der Mangel an Leadership das größte Manko in Europa. Wenn wir nicht imstande sind, diesen Mangel zu beheben, wird Europa in Gefahr geraten.«

Es gibt viele Wege, versuche nicht, den leichtesten zu gehen

Als »Rekordbürgermeister« von Villach war Helmut Manzenreiter 28 Jahre im Amt und insgesamt mehr als 30 Jahre in Regierungsfunktionen tätig. Er hat vorgezeigt, wie man durch Engagement und gezielte Öffentlichkeitsarbeit weit über die Bedeutung der Kommunalpolitik hinaus Einfluss nehmen kann. Als Bürgermeister übernahm er Villach nach der Pleite einer großen Zellstofffabrik in einem schlechten Stimmungsumfeld, später entwickelte er die frühere Eisenbahnerstadt zu einem Zentrum für Technologie und Innovation im Süden Österreichs. In seiner kurzen Zeit als Chef der Sozialdemokraten auf Landesebene erntete er bei Freund und Gegner Respekt.

Was für ein Kaliber er auch im professionellen Umgang mit Medien war, bewies er spätestens in der sonntäglichen Pressestunde, der österreichweit ausgestrahlten Politiksendung der Woche. »Man muss etwas wollen und dazu stehen, auch wenn es Gewitter gibt. Das ist für jede politische Führungsaufgabe notwendig.«

Helmut Manzenreiter ist ein Beispiel, wie man mit solider Arbeit, klaren Zielen und professioneller Medienarbeit eine Spur ziehen kann, die weit über den formalen Machtradius hinausgeht. Er legte seine Öffentlichkeitsarbeit von innen nach außen an: Zuerst die eigene Stadt in Ordnung bringen, dann können erst die nächsten Bühnen bespielt werden. Zuerst das eigene Umfeld professionell organisieren und informieren, dann erst Kritik an anderen äußeren. Helmut Manzenreiter hat Kommunikationsthemen ernst genommen und bestens vorbereitet, er hat es generell vermieden, Dinge dem Zufall zu überlassen, und er ist gut damit gefahren. Den jungen Menschen gibt er folgenden Rat:»Es gibt viele Wege. Versuche nicht, den leichtesten zu gehen.«

Du sollst nicht langweilen

Andreas Khol hat Südtiroler Wurzeln, spricht noch immer mit Tiroler Akzent, obwohl er seit Jahren in Wien lebt und auch in internationalen Organisationen tätig war. Er studierte Rechtswissenschaft, war Hochschulassistent und später habilitierter Universitätsprofessor. Vom legendären Außenminister Alois Mock bekam er die Chance, Direktor der politischen Akademie seiner Partei zu werden und in den Nationalrat einzuziehen. Vorher musste er»durch die Mühle«, was bedeutete, alle Bezirksparteileitungen der ÖVP zu besuchen, sich vorzustellen, die Abstimmungen zu bestehen und mehr als die Hälfte der Delegiertenstimmen zu erreichen. Khol war auch Generalsekretär der Internationale der Christdemokraten und Konservativen, die er gemeinsam mit Margaret Thatcher und dem späteren deutschen Bundeskanzler Helmut Kohl als Pendant zur sozialistischen Konkurrenz aus der Taufe hob.

Als späterer Klubobmann musste er zuerst im Inneren für Disziplin sorgen, schließlich hatte er einen»richtigen Sauhaufen« übernommen. Seine Konfliktfreude nach innen und nach außen brachte ihm nicht nur Freunde ein, verschaffte ihm jedoch Respekt. Nach dem Regierungswechsel galt er als wichtiger Architekt der damaligen schwarzblauen Koalition aus ÖVP und FPÖ und verteidigte diese eloquent. Zeitlebens war er stolz darauf, als »erzkonservativ« zu gelten. Auf freie Reden, pointierte Beispiele und starke Bilder hat er in seiner Sprache besonderen Wert gelegt. Als Theaterfan stand ihm da ein zusätzlicher Schatz zur Verfügung, um seinem Motto »Du sollst nicht langweilen!« gerecht zu werden. Als er den Wunsch äußerte, das Amt des Nationalratspräsidenten zu übernehmen, konnten ihm der damalige Parteichef und Bundeskanzler diesen nicht abschlagen. Später war er noch zehn Jahre lang Bundesobmann der Seniorenorganisation der ÖVP und nahm sich als solcher wieder kein Blatt vor den Mund. Kein Wunder, dass ihn seine Partei in einer Notsituation ersuchte, im Jahr 2016 für das Amt des österreichischen Bundespräsidenten zu kandidieren. Nahezu chancenlos war er dennoch fleißig im Land unterwegs, getreu seinem Motto: »Wenn das alte Schlachtross die Fanfare hört, setzt es sich automatisch in Bewegung.«

Unverändert veränderungswillig

Als Präsident des Pensionistenverbandes war Karl Blecha in den letzten zehn Jahren das sozialdemokratische Pendant zu Andreas Khol. Früher waren sie harte und wortgewaltige Gegner, später traten die beiden gemeinsam für die Sache der Pensionisten ein. So mancher Bundespolitiker musste seither den Kompromiss mit den Spitzen der großen Seniorenorganisationen suchen.

Die Wurzeln von Karl Blecha waren andere. Nach Ende des zweiten Weltkrieges und der NS-Herrschaft gründete er eine unabhängige sozialistische Jugendorganisation und engagierte sich auf der linken Seite: »Wir jungen Linken waren von der antikolonialen Revolution begeistert. Wir haben Freiheitsbewegungen in aller Welt bewundert und manche unterstützt. Vor allem in Mittelamerika, Afrika und Asien. Konkret habe ich schon als Schülerfunktionär gegen die

Werbemethoden der Fremdenlegion in der französischen Besatzungszone gekämpft.«

Dieser begeisterungsfähige »Kommunikationsmensch« war dem späteren Bundeskanzler Bruno Kreisky schon in der Zeit der Opposition aufgefallen, und er wurde bis zu seinem Ausscheiden wichtigster Wegbegleiter. Karl Blecha beschäftigte sich früh mit Meinungsforschung, studierte die neuesten Trends zur Beeinflussung von Opinionleadern und organisierte für Kreisky 1.400 Experten, die über Parteigrenzen hinweg »Vorschläge für ein modernes Österreich« erarbeiteten. Als Zentralsekretär war er Manager vieler erfolgreicher Wahlkampagnen. Er stieg zum Innenminister auf und wollte aus dem ehemaligen Polizeiministerium ein Bürgerministerium machen. Der Erfolg blieb ihm letztlich verwehrt, er trat im Zuge der »Lucona-Affäre« und des »Noricum-Skandals« vorzeitig zurück und wurde später verurteilt. Sein überraschendes Comeback feierte er zehn Jahre danach als Chef der mächtigsten Pensionistenorganisation Österreichs: »Ich muss immer versuchen, Änderungen herbeizuführen und dafür viele Mitstreiter zu finden. Dem bin ich bis zum heutigen Tag treu geblieben. Das geht nur, wenn ich für die Menschen und ihre Interessen etwas durchsetzen kann.«

42. Spielregeln für den Weg an die Spitze

■ Neben Glanz und Glamour großer Bühnen und Inszenierungen brauchen Sie bei aller Wichtigkeit der Medienarbeit ein umfassendes Verständnis von Öffentlichkeitsarbeit.

■ Topmanager, Spitzenpolitikerinnen und Verantwortungsträger der obersten Ebene sollten kleine Anlässe und Kommunikationsgelegenheiten nicht unterschätzen.

- Neben den offiziellen Führungsaufgaben besteht die eigentliche Aufgabe von Spitzenleuten heute in der Kommunikation. Ohne Kommunikation ist (fast) alles nichts.
- »Public Relations begin at home.« Öffentlichkeitsarbeit beginnt im eigenen Haus und funktioniert von innen nach außen.
- Öffentlichkeitsarbeit meint nicht jedes Gespräch und jede private Äußerung, es geht um die geplante Kommunikation der Führungskräfte mit ihren Stakeholdern.
- »Touchpoints«, Berührungspunkte für Ihre Kommunikation gibt es viele. Wählen Sie diese sorgfältig aus und klären Sie, welche für Sie in Frage kommen. Die Kunst besteht darin, »kleine Dinge meisterhaft umzusetzen«.
- Sprachlosigkeit der Verantwortungsträger ist undemokratisch und unprofessionell. Nützen Sie das Schmiermittel Kommunikation, um Menschen zu erreichen und zu gewinnen. Gute Kommunikation erst macht aus Machthabern positive Machtmenschen!

KAPITEL 8

Der tut, was er sagt –
Glaubwürdigkeit leben

43. Nur ein Satz

Diskussionsveranstaltung in Villach im Frühjahr 1993: Neben dem österreichischen Bundeskanzler Franz Vranitzky sitzt Johannes Rau am Podium, der Ministerpräsident von Nordrhein-Westfalen und spätere deutsche Bundespräsident. Zum Einstieg in die Diskussion über Österreichs EU-Beitritt formuliert er seine Anforderung an Politikerinnen und Politiker: »Sagen, was man tut und dann tun, was man sagt.«

Ich hatte zuerst die Idee zu dieser Veranstaltung und dann die Diskussion mitorganisiert. Ich wusste schon, dass Johannes Rau gerne in Metaphern spricht, und dann kam gleich dieser Satz. »... tun, was man sagt«. Der Satz hat mich beeindruckt. Ja, dachte ich damals – und denke es heute noch: Darum geht es in der Politik: Nicht nur reden, sondern auch tun. Und zwar das, was man angekündigt hat. Zu seinem Wort stehen. Johannes Rau hat es auf den Punkt gebracht, und er hat sich in seinem politischen Handeln überwiegend daran gehalten. Ihn zitiere ich gerne, weil die Kombination aus klaren Ansagen und dem darauffolgenden danach Handeln heute selten geworden ist. Große Ankündigungen verlieren gleich nach der Pressekonferenz ihre Bedeutung. Ist die Schlagzeile einmal gesichert, warum sollte man später auch noch dazu stehen?

Diese einfache Formulierung ist in der Folge berühmt geworden und sie steht für die Glaubwürdigkeit von Machthabern. Glaubwürdigkeit ist ein starkes und Hoffnung stiftendes Wort, gleichzeitig ist es schwammig und wenig konkret. Gerade jene Amtsträger führen es besonders salbungsvoll im Mund, denen ich das beim besten Willen nicht abnehme. Bei bestimmten Funktionären klingt mir das zu pathetisch. Obwohl also Skepsis angebracht ist, lohnt es sich, den Begriff mit Leben zu füllen.

Glaubwürdigkeit definieren?

Im Internetportal openthesaurus.de finde ich für das Wort Glaubwürdigkeit folgende Synonyme: Plausibilität, Authentizität, Echtheit, Originalität, Zuverlässigkeit, Aufrichtigkeit, Ehrlichkeit, Ernsthaftigkeit, Seriosität, Vertrauenswürdigkeit und Redlichkeit. Konkreter wird Professor Jean-Paul Thommen in Gablers Wirtschaftslexikon – und diese Definition halte ich für sehr brauchbar: Glaubwürdigkeit als zentrales Leitmotiv unternehmerischen Handelns bedeutet, dass ein Unternehmen das Vertrauen und die Akzeptanz seiner Anspruchsgruppen erhalten oder erhöhen muss, um langfristig überleben zu können. Social Responsiveness, nennt man das. Thommen nennt drei Eckpunkte: kommunikatives, verantwortliches und innovatives Handeln. Unternehmen sollen informieren, zuhören und den Dialog suchen. Sie stehen für ihr Verhalten ein und drücken sich nicht vor den Konsequenzen. Dazu kommt noch, offen für Neues zu sein. »Luken dicht« oder sich einbetonieren, ohne Weiterentwicklung zuzulassen, passt mit Glaubwürdigkeit nicht zusammen.

Mit dieser Definition haben wir eine gute Grundlage, um nicht nur über Glaubwürdigkeit in Unternehmen zu sprechen, sondern auch über Persönlichkeiten an der Spitze von Politik und Gesellschaft. Glaubwürdigkeit ist das einzige Guthaben und das einzige Plus, das auf dem Vertrauenskonto von Menschen dauerhaft bestehen bleibt. Wir sind uns einig, dass ein Plus auf einem Konto erfreulich ist – wie können Sie es erreichen?

Ein Plus auf dem Vertrauenskonto haben

Politiker und Managerinnen machen Fehler. Sie treffen Entscheidungen, die sich im Nachhinein als falsch herausstellen können. Vielleicht betonen sie, dass ihre Türe stets offen steht, reagieren aber cholerisch, wenn man dafür den falschen Zeitpunkt erwischt. Sie verhalten sich jedenfalls nicht immer so, wie man es von ihnen erwartet. Viele meinen, so etwas darf nicht passieren und jeder müsse seine Funktion sofort aufgeben, wenn er danebenhaut. Fehlleistungen kommen trotzdem vor, es »menschelt«. Ich finde, dass es einen glaubwürdigen Umgang mit Fehlleistungen geben kann – jenseits von Rücktritt und Abdanken.

Voraussetzung ist, dass Sie rechtzeitig ein hohes Guthaben auf Ihrem Vertrauenskonto haben. Liegt Glaubwürdigkeit vor, wird die Person an der Spitze auch im Fall von Patzern weiterhin Akzeptanz finden, Gefolgschaft erleben und Einfluss auf die Zukunft nehmen können. Sagen, was man tut und dann tun, was man vorher gesagt hat, ist der Königsweg zum Plus auf dem Glaubwürdigkeitskonto. Ist dieses Guthaben hingegen nicht mehr vorhanden, werden Sie in einer Schlüsselposition in Politik und Wirtschaft nicht krisensicher agieren können. Zumindest ist es schwieriger, als wenn Sie in guter Zeit Glaubwürdigkeit aufgebaut haben.

44. Das Vertrauenskonto ist schnell geplündert

Jeder und jede von Ihnen weiß es: Vertrauen kann in kürzester Zeit verspielt werden. Glaubwürdigkeit ist ein sensibles Gut, das man nicht mehrmals erwerben kann. Wie rasch Vertrauen unwiederbringlich weg sein kann, zeigen zwei Beispiele.

Read my lips

Der Präsidentschaftskandidat der Republikaner, George H. W. Bush, formuliert am 18. August 1988 im Rahmen einer Dankesrede einen später berühmt gewordenen Satz: »Read my lips: no new taxes« (»Schaut auf meine Lippen: keine neuen Steuern«). Dieser Satz spielt im Wahlkampf eine große Rolle und George Bush wird zum 41. Präsidenten der USA gewählt.

Zwei Jahre später haben sich die Verhältnisse geändert, die Wirtschaftskrise und andere Mehrheiten im Kongress zwingen Präsident Bush zu einem Kompromiss, die Steuern müssen nun doch erhöht werden. Ein zentrales Wahlversprechen der Republikaner ist gebrochen. Häme gibt es nicht nur vom politischen Gegner, die heftigste Kritik kommt aus den eigenen Reihen, die ihrem Präsidenten diesen Umfaller nicht verzeihen. Das Thema wird in den Medien gründlich diskutiert, und George Bush hat seine Glaubwürdigkeit verloren. Bei den Wahlen im Jahr 1992 wird er abgewählt, obwohl er in seiner Amtsperiode keine offenkundigen Fehler gemacht und sogar einen aus US-Sicht erfolgreichen Krieg im Irak geführt hat.

Versagen in der Atomkatastrophe

Am 11. März 2011 löst das bisher stärkste Erdbeben eine nukleare Katastrophe aus. In einigen Reaktorblöcken kommt es zur Kernschmelze, in der Folge müssen etwa 170.000 Einwohner aus ihren Häusern evakuiert werden. Die Entsorgungsarbeiten werden nach letzten Schätzungen voraussichtlich 30 bis 40 Jahre dauern, die Kosten der Katastrophe schätzt man auf 150 bis 200 Milliarden Euro. Problematisch gestaltet sich das Krisenmanagement. Die Führung des Kraftwerksbetreibers Tepco und die japanische Regierung unter Premierminister Naoto Kan werfen sich gegenseitiges Versagen vor, sogar Schreiduelle zwischen den Verantwortlichen dringen an die Öffentlichkeit. Berichterstatter in aller Welt sind sich einig, dass das Krisenmanagement völlig versagt hat. Das Vertrauen in den Kraftwerksbetreiber Tepco und die Atomstrategie der japanischen Regierung ist bis heute in aller Welt zutiefst erschüttert. Der Imageschaden für das Hochtechnologieland Japan ist enorm. Premierminister Kan tritt im Herbst 2011 zurück.

USA, Japan: Wie konnte das passieren?

George Bush wurde als Bewerber um das höchste Amt in Amerika »Opfer« der in den USA üblichen blumigen Formulierungen und Wahlversprechen. Die Inszenierung »Read my lips ...« war so gut gelungen, dass der Satz bei Wählern, Journalistinnen und politischen Gegnern auch dann noch lebhaft in Erinnerung blieb, als die vollmundige Ankündigung gebrochen wurde. Plakative Bilder, große Worte und einfache Sätze sind notwendig, um im politischen Wettbewerb punkten zu können. Sie werden dann zum Bumerang, wenn die Zusagen nicht halten. Der schöne Erfolg von heute trägt den Keim der späteren Niederlage in sich. Typisch war, dass George Bush damit weniger seine politischen Gegner verärgerte oder die Wähler an sich, sondern dass er seine eigene Partei vor den Kopf gestoßen hat. Dieser Imageschaden in puncto Glaubwürdigkeit hat dazu beigetragen, dass eine – zumindest für Außenstehende – weitgehend skandalfreie Präsidentschaft glanzlos geendet hat.

Anders stellt sich die Situation in Japan im Jahr 2011 dar: Wer trifft in einer Nuklearkatastrophe schon die richtigen Entscheidungen und schafft dazu noch ein perfektes Krisenmanagement? Krisen treten ja gerade dann auf, wenn kein Mensch mit ihnen rechnet, und sie nehmen ein Ausmaß und eine Dynamik an, die niemand vorhersehen konnte. Scharfe Kritik der Medien am Krisenmanagement gehört dazu. In diesem Umfeld entwickeln sich Krisen für die Spitzen von Unternehmen und Politik oft zu veritablen Kommunikationskrisen. Signifikant in Japan war, dass die Regierung und die Verantwortlichen der Betreiberfirma Tepco keine gemeinsame Sprache finden konnten. Nach diesem Streit wurde keinem Verantwortlichen mehr geglaubt. Radiohörerinnen, Fernsehzuschauern und Zeitungslesern aus aller Welt fehlt bis heute das Vertrauen in die Sicherheitsversprechen der japanischen Atomwirtschaft und in die Kontrolle durch die Aufsichtsbehörden. Die Katastrophe von Fukushima hat vorerst sogar zu einem weltweiten Umdenken bei der Atomkraft geführt.

45. Öffentliche Reputation ist mehr als Medienkompetenz

Am Beginn meiner Arbeit als Mediencoach und Medientrainer habe ich mich bei meinen Kunden stark auf Äußerlichkeiten konzentriert: Wie schaut die Körperhaltung aus? Ist die äußere Erscheinung professionell genug und fernsehgerecht? Wie klar kommt die Stimme rüber? Welche Struktur wird in der Kommunikation gewählt? Wie gut sind die Botschaften und »Sager«? Wie schlagfertig ist die Person? Diese Fragen sind mir auch heute noch wichtig. Entscheidend für eine langfristige Reputation in der Öffentlichkeit sind sie nur zum Teil. Höhen und Tiefen, Erfolge und Misserfolge gehören zur Achterbahn einer Karriere im öffentlichen Leben dazu. Das gilt in der Politik ebenso wie an der Spitze von Unternehmen oder für das Führen in Non-Profit-Organisationen – »Shit happens!« Manches gelingt, manches geht daneben – zumindest in den Augen des Publikums. Vielleicht sitzt nur die Krawatte schief, es fällt eine dumme Bemerkung oder eine arrogante Geste stößt die Leute vor den Kopf. Denken Sie nur an das Victory-Zeichen des ehemaligen Deutsche-Bank-Chefs Manfred Ackermann oder an den Stinkefinger von SPD-Kanzlerkandidat Peer Steinbrück kurz vor der Wahl. Die für mich zentrale Frage ist: Wurde Ihr öffentliches Image im Kern beschädigt oder nicht? Dieser Kern besteht für mich darin, ob jemand auch nach Ausrutschern immer noch glaubwürdig sein kann, alles andere ist nebensächlich!

Sogar Journalistinnen sehen das für ihre Branche ähnlich. Antonia Gössinger wird deutlich: »Das Wichtigste und das einzige Kapital für uns Journalisten ist die Glaubwürdigkeit, und diese darf man nicht aufs Spiel setzen für das Lob eines Politikers oder eines Wirtschaftstreibenden. Das darf man überhaupt nie aufs Spiel setzen, wenn man von Gesprächspartnern in Zukunft ernst genommen werden will. Ich habe das aus meiner tiefsten Überzeugung gelebt.« Ich bin froh über diese klare Stellungnahme von der »anderen Seite«, die zumindest für jene Journalisten typisch sein sollte, die ihren Beruf ernst nehmen.

46. Glaubwürdigkeit ist ein andauernder Entwicklungsprozess

Bisher haben wir uns die Grundlagen von Glaubwürdigkeit wie »Zu seinem Wort stehen« und die Bedeutung eines gut gefüllten Vertrauenskontos angesehen. Nun möchte ich das konkretisieren. Glaubwürdigkeit ruht auf mehreren Säulen und kennt einige Facetten. Jeder von uns kann sein Handeln daran überprüfen und seine Schlüsse daraus ziehen. Mit diesen Elementen bauen wir Glaubwürdigkeit auf und entwickeln sie weiter. Das ist ein Prozess, dem wir uns dauerhaft widmen müssen, kein Zustand, den man ein für alle Mal erreicht hat.

Zeigen Sie Handschlagqualität!

Der altmodische Begriff »Handschlagqualität« bringt Glaubwürdigkeit zum Ausdruck wie kein anderer. Besteht doch eine Voraussetzung für glaubwürdiges Handeln in Spitzenpositionen darin, dass Sie als zuverlässiger Zeitgenosse und Partner empfunden werden. Das hat viel mit Ehrlichkeit zu tun, dass Sie redlich und integer sind. Ich meine damit nicht, jederzeit sämtliche Gedanken, Pläne oder Meinungen öffentlich auszusprechen. Da rate ich doch, etwas »ökonomischer« mit der Wahrheit umzugehen. Ich wiederhole mich: Persönlichkeiten an der Spitze von Wirtschaft und Politik müssen keine Heiligen sein. Das geht auch, ohne zu lügen, ohne »alternative Fakten« zu strapazieren oder »Fake News« abzusondern.

Sehr wohl erwarte ich von Führungskräften eine gewisse Grundanständigkeit: Anstand im Umgang mit Menschen, mit Geld und mit den Ressourcen dieser Welt. Dieser Anstand drückt sich darin aus, dass der Handschlag zählt. Auch noch, wenn der politische Wind dreht, auch noch in zwanzig

Jahren, auch noch, wenn eine Beziehung an anderen Stellen einen Knacks bekommen hat. Handschlagqualität bedeutet, wir brauchen keinen zehnseitigen kleingedruckten Vertrag, um uns aufeinander verlassen zu können. Ich vereinbare das Honorar mit meinen Coaching-Kunden meistens mündlich und schätze mit ihnen gemeinsam den Beratungsbedarf ein. Abgerechnet wird am Schluss. Obwohl ich außer ein paar kurzen E-Mails kaum etwas schriftlich fixiere, bin ich noch nie enttäuscht worden. Handschlagqualität heißt zu seinem Wort stehen, nicht etwa leichtfertig für den Fall X den Rücktritt anzukündigen, um sich am Tag Y nicht mehr daran zu erinnern. Wenn Sie ein Versprechen tatsächlich nicht einhalten können, müssen Sie darüber reden, viel reden und eine glaubwürdige Begründung liefern. Nur so können Sie den Schaden begrenzen. Viele Menschen sehnen sich nach Handschlagqualität. Wir alle sollten dazu beitragen, dieses Vertrauen wieder wachsen zu lassen.

Loyal und verlässlich sein

Eng mit dem Handschlag hängt für mich die Loyalität zusammen. Ich meine damit die Loyalität zu den Vorgesetzten, die auf die Unterstützung ihrer Mitarbeiter und Mitarbeiterinnen angewiesen sind. Loyalität kann aber nicht nur nach oben gelten. Loyalität muss für die Spitzenperson umgekehrt nach unten zu den Menschen gelten, die in ihrem Einflussbereich stehen. Erst wenn Menschen diese beiden Seiten der persönlichen Loyalität leben, kann Glaubwürdigkeit entstehen. Helmut Manzenreiter spricht genau davon: »Eine Voraussetzung für eine erfolgreiche Arbeit besteht darin, dass man seine Umgebung in Vertrauensfragen nicht enttäuscht. Ein guter und ehrlicher Partner zu sein ist Grundvoraussetzung. Ich habe Zeit meines Berufslebens niemand aus dem Team im Regen stehen gelassen, auch wenn der Fehler nicht bei mir gelegen ist. Man kann nicht nur den Sonnenschein genießen, sondern sollte gegenüber guten Mitarbeitern auch dann loyal sein, wenn einmal Blitz und Donner hereinbrechen. Die Menschen müssen sich darauf verlassen können, dass der Mann oder die Frau, die da vorne steht, auch in stürmischen Zeiten kein Fähnchen im Wind ist.« Wenn ich mit Helmut Manzenreiter etwas vereinbart hatte, hielt er trotz Bedenken anderer seine Zusage ein. Im umgekehrten Fall blieb es beim Nein, das hat ebenso gegolten. Loyalität von oben führt zu Loyalität von unten, das bedingt sich gegenseitig!

Die Person an der Spitze muss auch die »culpa in eligendo« übernehmen, die Verantwortung für die Auswahl der Leute, die sie sich ins Team holt. Ein gutes, verlässliches Team, das kritikfähig und kritikwillig ist und Ihnen gleichzeitig in der Umsetzung professionell zuarbeitet, ist das Erfolgskriterium schlechthin. Das Argument, er oder sie »habe halt die falschen Leute«, zählt nicht. Diese Verantwortung trifft ausschließlich den Chef.

Es gibt einen weiteren Aspekt von Loyalität: Loyal und verlässlich zu sein, gilt ebenso bei den eigenen Zielen und den übernommenen Aufgaben: Lassen wir auch diese nicht leichtfertig im Stich!

Übernehmen Sie Verantwortung!

Sie merken schon, die Elemente von Glaubwürdigkeit überschneiden sich zum Teil. Zwischen Loyalität und Verantwortung etwa sind die Übergänge fließend. Eine Führungsperson muss in jeder Hinsicht Verantwortung übernehmen und sich dementsprechend verantwortlich fühlen. Wir erleben häufig Führungskräfte, die die Schuld auf ihre Mitarbeiter, die Umstände und alles Mögliche abschieben. In letzter Konsequenz ist es wesentlich glaubwürdiger, wirksamer und vertrauensbildender, Verantwortung zu zeigen und Verantwortung zu übernehmen. Ich meine damit nicht das schnell eingeräumte Eingeständnis von politischer Verantwortung, um danach rasch wieder zur Tagesordnung überzugehen. Ich meine damit auch nicht, dass Sie nach jedem Fehltritt sofort Ihren Rücktritt erklären sollten.

Eine bessere Variante wäre für mich, den Betroffenen Rede und Antwort zu stehen, klar zu sagen, was Sache ist, und darüber zu sprechen, wie man den Fehler wiedergutmachen wird. Wir gewinnen nichts, wenn alle zurücktreten, die Fehler machen. Als Nachfolger würden wir Zauderer bekommen, die sich vor Entscheidungen drücken, wo immer das möglich ist. Wenn Sie durchhalten, verläuft die Grenze zum Sesselkleben für Außenstehende oft fließend. Es liegt an Ihnen, verlorenes Vertrauen zurückzugewinnen oder allenfalls doch die Konsequenzen zu ziehen.

Substanz haben – Ist da etwas?

Bei allen weichen Faktoren wie Anstand, Loyalität und Verlässlichkeit dürfen wir eine zentrale Voraussetzung für Glaubwürdigkeit nicht übersehen – die, dass eine glaubwürdige Person tatsächlich etwas vorzuweisen hat. Sie muss etwas leisten, Ideen entwickeln und Ergebnisse erzielen, oder sie muss etwas zu sagen haben. »Heißluftgeräte« nennt die Bestsellerautorin Sylvia Löhken Personen, die hier ein Defizit haben – eine treffende Beschreibung! In der Politik ist es offenkundig, dass es nicht reicht, sich von diversen Spin Doktoren, Pressesprecherinnen oder Beratern ein paar flotte Sätze zusammenstellen zu lassen, um für längere Zeit das Vertrauen der Öffentlichkeit zu genießen. Menschen haben ein feines Gespür dafür, ob jemand Substanz aus sich selbst heraus vorzuweisen hat.

Diese Substanz kommt nicht von ungefähr. Wir können

und müssen sie erlernen. Heute kann niemand mehr in einer Führungsaufgabe von Beginn an brillieren, ohne sich darauf vorbereitet, dafür trainiert und sich Wissen und Fähigkeiten angeeignet zu haben. Die Mühen der Ebene bleiben niemandem erspart. Wer glaubt, sich darüber hinwegschwindeln zu können, wird ziemlich bald und bitter eines Besseren belehrt. Sie sehen das in der Politik bei Quereinsteigern: Persönlichkeiten, die vorher mit hoher Reputation als Freiberufler oder Wirtschaftstreibende tätig waren, geben als Politiker mit einem Mal eine klägliche Figur ab.

Denken Sie nur an die Überflieger aus der »New Economy« vor der Jahrtausendwende. Das Zauberwort Internet beflügelte die Fantasie, das Geld schien abgeschafft, man sprach nicht mehr von Gewinn oder Verlust. Ein Finanzvorstand versicherte bei der Bilanzpressekonferenz freudestrahlend, dass die »Cash-Burn-Rate« gesenkt werden konnte. Auf gut Deutsch wurde weniger Geld verbrannt als im letzten Quartal, doch zum Verbrennen von Geld bekannte man sich offenherzig. Dazu gab es Applaus von Analysten, Aktionären und Medien. Aktienkurse schnellten binnen Tagen über 100 Euro das Stück hinauf, notierten wenig später unter 10 Euro und wieder einige Monate nachher als »Penny-Stocks« mit »Ramschstatus«. Sie mussten von der Börse genommen werden, weil eine Aktie nur mehr einige Cent wert war. Das alles wurde erst im Nachhinein als eine logische Konsequenz empfunden. Die Substanz fehlte hier, der Blick auf finanzwirtschaftliche Zusammenhänge und längerfristige Konsequenzen.

Ohne Substanz geht es nicht. Wer nichts zu sagen hat, wer nichts vorzuweisen hat und wer keine Ergebnisse liefert, hat der Öffentlichkeit wenig zu präsentieren. Ich war einige Jahre in politischen Gremien vertreten und dort auch bei der Analyse von Wahlniederlagen dabei. Die Schlussfolgerungen nach verlorenen Wahlen sind immer die gleichen: Man müsse eine bessere Öffentlichkeitsarbeit machen und die Schulung der Mitarbeiter verstärken, damit die Leistungen beim nächsten Mal besser an die Wählerinnen und Wähler verkauft werden können. Diese Analyse trifft wohl manchmal zu, verstellt aber den Blick auf entscheidende, dahinterliegende Fragen: Gibt es überhaupt Leistungen? Gibt es spannende Inhalte, deren Kommunikation wir trainieren können? Und noch grundlegender: Findet die Person bei den Menschen Anklang, die man für die Spitze auf- und angeboten hat? Nach außen spielt das zwar nach einer verlorenen Wahl keine große Rolle, interessiert auch niemanden – im Scheinwerferlicht stehen nur die Sieger. Im Inneren einer Organisation sieht es anders aus: Jetzt offen und ehrlich zu sein, bietet eine erste Chance für neue Erfolge.

Sind Sie nur Durchschnitt oder zeigen Sie Profil?
Glaubwürdigkeit bedeutet mehr als Substanz, Verantwortung und Loyalität. Es muss Dinge geben, für die Sie sich einsetzen und andere, die Sie klar ablehnen. Wie bei einem Scherenschnitt gehört die eine Seite dazu, die andere nicht. Wer jedem nach dem Mund redet, zeigt kein Profil. Wenn Sie sich für die Umwelt einsetzen, lohnt es sich vielleicht, sich mit der Autofahrerlobby anzulegen. Im Buch »SPD – staatstreu und jugendfrei« wird etwa herausgearbeitet, wie schwer es der SPD in den 1980er Jahren gefallen ist, Profil zu gewinnen, weil sie stets darauf bedacht war, keine große Gruppe der Wählerschaft vor den Kopf zu stoßen. Das hat dazu geführt, dass die Partei noch weniger Wähler ansprechen konnte als zuvor. Das alte Sprichwort »Allen Menschen recht getan, ist eine Kunst, die niemand kann« gilt heute mehr denn je. Frank Farrelly, der brillante Begründer der Provokativen Theorie, verweist zum Trost auf die Bibel: »You cannot win them all. Even Jesus lost one of twelve.«

Polarisieren ist nicht nur erlaubt, sondern oft notwendig und hilft beim Schärfen Ihres Profils.

Es gibt noch andere Wege, Orientierung zu geben: Die Kirchen zeigen uns, wie ihre Rituale seit Jahrtausenden dazu dienen, Menschen an diese Organisationen zu binden und im Glauben zu stärken. Dieser Vergleich hinkt zwar ein wenig, doch wir können uns einiges abschauen. Denken Sie nur an den schwarzen und den weißen Rauch bei der Papstwahl und die Szene, wenn der neue Pontifex erstmals vom Balkon aus zu den Gläubigen am Petersplatz spricht. Sie können zwar weder in der Politik noch in den Unternehmen einen Ostersegen »Urbi et orbi« spenden, aber positive Rituale wie gemeinsame Feiern oder andere Fixpunkte sollten Sie pflegen. Es bedarf Rituale, Symbole und großer Gesten, die klarstellen, wofür Sie stehen.

Kommunizieren Sie Ihre Glaubwürdigkeit!

Sie können noch so geradeheraus jeden Morgen in den Spiegel blicken, Sie können jeden Tag noch so klar definierte Grenzen für Ihre Glaubwürdigkeit einhalten und sich rein gar nichts vorzuwerfen haben – all diese privaten und persönlichen Ansätze, um glaubwürdig zu sein, führen in die Sackgasse, wenn das Publikum nichts davon mitbekommt. Wenn Sie etwa als Chef zugunsten Ihrer Mitarbeiter auf finanzielle Vorteile verzichten, und keiner weiß das, lassen Sie es bleiben! Ohne Kommunikation Ihrer Glaubwürdigkeit werden Sie nicht glaubwürdig. Sprechen Sie darüber, worauf Sie bei sich und anderen Wert legen, wenn Ihnen ethisches Verhalten wichtig ist. Sagen Sie, welche Grenze Sie bei allem Siegeswillen im Wettbewerb nie überschreiten werden. Vielleicht werden Sie dadurch verletzbar und verletzlich und es führt doch kein Weg daran vorbei: »Sagen, was man tut und tun, was man sagt.«

Hohe Ansprüche an sich selbst und an Ihre Glaubwürdigkeit sollten Sie nicht damit verwechseln, dass Sie kompromisslos Ihrer Mission nachgehen und an Dingen festhalten, die bei relevanten Gruppen Ihres Publikums nicht ankommen. Sie erinnern sich: Führende brauchen Folgende!

Bill Clinton musste zurückrudern

Bill Clinton erwähnt in seinen Memoiren einen Moment, als er sich mit der einflussreichen National Rifle Association (NRA), der bundesweiten Schusswaffenvereinigung der USA anlegte. Als Gouverneur von Arkansas trat er für die Einschränkung des Schusswaffengebrauchs ein. Die Konsequenz war seine Abwahl. Ein Comeback und damit die spätere Kandidatur als Präsident waren nur möglich, weil er seinen ursprünglich kompromisslosen Standpunkt teilweise aufgab. Vertreter der reinen Lehre würden das unglaubwürdig und unverlässlich nennen, bei Schusswaffen geht es um Leben und Tod, da macht man keine Kompromisse! Nach Abwägung aller Für und Wider war Bill Clinton sein politisches Engagement wichtig genug, um auf eine bedeutende Gruppe der Gesellschaft Rücksicht zu nehmen. Die meisten haben ihm diesen Rückzieher verziehen, der Weg ins Weiße Haus blieb ihm offen.

Wenn Sie selbst einmal von einer moralisch einwandfreien, aber nicht durchsetzbaren und gewinnbaren Position abrücken müssen, brauchen Sie allerdings eine gute Erklärung für die Menschen, die jetzt enttäuscht sein könnten. Sie müssen in einen Dialog eintreten und Kompromisse eingehen, die gerade noch vertretbar sind und mit denen Sie mehr Akzeptanz erreichen, als Sie Ihrem Ruf schaden. Eine glaubwürdige Haltung, die keiner merkt oder die wichtigen öffentlichen Gruppen nicht kommuniziert wird, ist für die Führungsaufgabe ziemlich wertlos. Lassen Sie Ihre Mitstreiterinnen und

Mitstreiter teilhaben an den Werten, die Ihnen wichtig sind und deren Verletzung ernste Konsequenzen nach sich ziehen würde.

47. Den Menschen nicht erst Gutes nachsagen, wenn sie tot sind

Wie halten es Menschen in Spitzenpositionen von Politik und Wirtschaft konkret mit ihrer Glaubwürdigkeit? Von ihnen erzähle ich in diesem Abschnitt – und lasse sie zu Wort kommen. Sie sind in der ersten Reihe gestanden oder wirken bis heute ganz vorne mit. Sie leben das, worum es mir in diesem Kapitel geht. Aber ich maße mir kein Urteil an über ihr politisches und ihr gesellschaftliches Wirken in seiner Gesamtheit. Selbstverständlich lassen sich ihre Positionen und Funktionen nicht miteinander vergleichen. Dennoch sehe ich in der Glaubwürdigkeit ihres Handelns oder zumindest von Teilen ihres Handelns einige Gemeinsamkeiten. Darum geht es mir.

Bruno Kreisky hat einmal in einem Fernsehinterview gemeint: »Man soll den Menschen nicht erst, wenn sie tot sind, Gutes nachsagen.« Daran halte ich mich. Bitte lesen Sie also möglichst unvoreingenommen und fragen Sie sich immer neu, wie Sie die Glaubwürdigkeit – nicht die politische Ausrichtung – der Person einschätzen.

Ein erfrischender Neubeginn für die Katholische Kirche

Papst Franziskus konnte seit seiner Wahl zum Papst im Jahr 2013 nicht nur in den Medien, sondern auch bei den Menschen punkten. Er entschied sich für den symbolträchtigen Namen Franziskus und stellte von Beginn an klar, dass er als Papst aus Lateinamerika neue Akzente setzen würde. Die katholische Kirche verfügt über Jahrtausende alte Erfahrung in der Machtausübung, die in ihrer Geschichte oft sehr problematische Auswüchse nahm. Sie kennt außerdem Rituale und eine Symbolik, die nicht nur beim kirchlichen Publikum ankommen. Die Bedeutung eines Papstes besteht bis in unsere Zeit aber grundsätzlich in der Macht des Wortes – und wirkt darüber hinaus. Franziskus steht für andere Schwerpunkte als sein Vorgänger, von dem am ehesten noch die Bild-Schlagzeile »Wir sind Papst« und die Anfertigung von roten Maßschuhen der Marke Prada in Erinnerung bleiben dürften.

Der jetzige Papst ist weder besonders intellektuell noch ein außergewöhnliches Medientalent wie sein Vorvorgänger Johannes Paul II. aus Polen. Er räumt seine Schwächen ein und neigt zu Äußerungen, die immer wieder für Irritation sorgen. Dennoch hat er sich in kurzer Zeit als volksnaher Papst profilieren können, der ein besonderes Ohr für die Bedürfnisse der Armen und der Randgruppen in der Gesellschaft hat. Er prangert innerkirchliche Zustände an, weicht auch vor der mächtigen römischen Kurie nicht zurück und macht glaubhaft, dass er Schritt für Schritt zu einer Modernisierung beitragen will. Er versieht das Amt mit einer für kirchliche Verhältnisse überraschenden Lockerheit und Offenheit, die ihm den Applaus des Publikums weit über die katholische Kirche hinaus sichert.

Bei seinem Auftritt in Mexiko etwa ging er im Frühjahr 2016 deutlich auf Distanz zu den korrupten Eliten des Landes und konnte gerade dadurch öffentliche Zustimmung erreichen. Ebenso wenig zögerte er, die Pläne von Donald Trump zur Errichtung einer Mauer zwischen Mexiko und den USA scharf zu kritisieren. Beim ersten Besuch des gewählten Präsidenten Trump im Vatikan verrät schon die Miene des Papstes, dass er bei seiner Meinung geblieben ist.

Als Franziskus am 17. Dezember 2016 seinen 80. Geburtstag feierte, wirkte er jugendlicher und frischer als so mancher Sechzigjährige innerhalb und außerhalb der katholischen Kirche. Für eine Bilanz ist es zu früh, vorzeitige Lobeshymnen sind unangebracht. Aussagen, in denen er etwa eine Prügelstrafe als angemessenes Erziehungsinstrument bezeichnete, zeigen, dass er nicht so trittsicher und sensibel ist, wie wir das von einem Menschen in seiner Position erwarten würden. Dennoch ist es ihm vorerst gelungen, das Vertrauen der Menschen und ein Grundvertrauen in seine Person und sein Pontifikat zu gewinnen. Er hat bis jetzt vermitteln können, dass er sich mit Machtstrukturen und finanziellen Undurchsichtigkeiten in der römischen Kirche nicht abfindet. Gleiches gilt für seine Haltung zu Elend, Armut und Terror in der Welt. Für mich zeigt er, wie es möglich ist, in relativ kurzer Zeit Respekt, Reputation und Glaubwürdigkeit aufzubauen.

Man sollte sich etwas trauen

Schon als Diözesansekretär der Katholischen Arbeiterjugend arbeitete Franz Küberl in kirchlichen Organisationen an exponierter Stelle, war später Vorsitzender im Bundesjugendring – dem Dachverband aller Jugendorganisationen, Generalsekretär der Katholischen Aktion und ab dem Jahr 1994 Direktor der Caritas Steiermark bis zu seiner Pensionierung im Jahr 2016. Den größten Teil dieser Zeit war er gleichzeitig auch Präsident der Caritas Österreich, war fast zwanzig Jahre lang das Gesicht der Caritas und ein eloquenter und öffentlich präsenter Fürsprecher für Menschen, die in unserer Gesellschaft keine Lobby haben.

Konsequent aber nicht verbissen, engagiert und kompromissbereit nimmt er sich bis heute kein Blatt vor den Mund.

Die Festlegung im Statut der Caritas, dass der Präsident stets auch Direktor der Diözese im Bundesland sein muss, hält er für wichtig, um die Bodenhaftung nicht zu verlieren. Hilfe von Gesicht zu Gesicht zu leisten, dabei eine verständliche Sprache zu pflegen und Dinge beim Namen zu nennen, ist bis heute sein Markenzeichen.

Franz Küberl träumt von einer Gesellschaft, in der es Einrichtungen wie die Caritas irgendwann nicht mehr braucht. Bis dahin sollte die Verantwortung nicht unbedingt als Last empfunden, sondern durchaus mit List und mit Lust wahrgenommen werden. Dazu braucht es Mut und Zivilcourage. Küberl war auch jahrelang in den Gremien des Österreichischen Rundfunks (ORF) vertreten und hat sich dort als Unabhängiger für qualitätsvolle Berichterstattung engagiert. Sein besonderes Talent für Kommunikation und gelungene Medienauftritte hat er dabei nur noch weiterentwickelt. Franz Küberl verbindet in seiner Person Sachkompetenz, Erfahrung und sein Motto »Man soll sich schon etwas trauen«. Die Fähigkeit, jederzeit auch öffentlich für seine Haltung einzustehen, macht ihn weit über Österreich hinaus zu einem glaubwürdigen Lobbyisten einer guten Sache.

Ohne faule Kompromisse und falsche Harmonie

Über Gaby Schaunig, meine ehemalige Chefin, zu schreiben, ist schwer. Zu nahe war ich einige Jahre am Ort des Geschehens. Ein paar Bemerkungen erlaube ich mir dennoch. Gaby Schaunig studierte Rechtswissenschaft, war Universitätsassistentin und später Rechtsexpertin in der Arbeiterkammer Kärnten. Im Vorfeld des österreichischen EU-Beitritts hat sie sich im Europarecht und später als Spezialistin für Wohn- und Mietrecht einen Namen gemacht. Im Alter von erst 33 Jahren erfolgte der Ruf in die Politik, sie wurde Mitglied der Landesregierung. Später stieg sie zur Parteichefin auf und lieferte sich einen harten Wettbewerb mit Österreichs Rechtspopulisten und Regierungskollegen Jörg Haider.

Glaubwürdiges Verhalten war ihr wichtiger als faule Kompromisse und falsche Harmonie. Über große Projekte wie die Mindestsicherung für sozial Schwache, konnte sie dennoch pragmatisch verhandeln. Den Verkauf der Hypo Alpe-Adria-Bank an die bayrische Landesbank hatte sie von Beginn an strikt abgelehnt – mit Recht, wie sich später herausstellte, diese Entscheidung hätte Jahre danach fast ein ganzes Bundesland in den Ruin getrieben. Das Verständnis von später durchaus kritischen Medien war zu diesem Zeitpunkt noch ziemlich überschaubar. Neun Jahre nach Antritt der Regierungsfunktion erfolgte der Rücktritt – konsequent und ohne Sicherheitsnetz.

Gaby Schaunig begann nochmals zu lernen, legte die Rechtsanwaltsprüfung ab und machte sich mit einer Kollegin selbstständig. Zu politischen Kommentaren in der Öffentlichkeit ließ sie sich nicht hinreißen. Dennoch feierte sie Jahre nach ihrem Ausscheiden ein Comeback, – als Stellvertreterin des neu gewählten Landeshauptmannes, in der Regierung zuständig für Finanzen und Gemeinden. Bei der Aufarbeitung des Finanzdesasters rund um die frühere Hypo Alpe-Adria-Bank war sie federführend. Ihre klare Linie zuvor hat erst die spätere Rückkehr in eine Topposition ermöglicht. Ihre Glaubwürdigkeit ist all die Jahre erhalten geblieben.

Eine Frage der Glaubwürdigkeit

Franz Vranitzky war von 1986 bis 1997 österreichischer Bundeskanzler. Bis heute ist er im Bewusstsein der Österreicher als der Kanzler in Erinnerung, der die zweite Republik des Landes geprägt hat, wie nur wenige vor ihm und wie seither keiner mehr nach ihm. Vranitzky übernahm die SPÖ als

Regierungspartei 1986 in einer schwierigen Phase, als eine wichtige Wahl für das Amt des Bundespräsidenten mit dem Sieg Kurt Waldheims und mit einer herben Niederlage für die SPÖ geendet hatte. Ursprünglich als Macher, als ideologiefreier Banker schubladisiert, schaffte er es, die lange an absolute Mehrheiten gewöhnte SPÖ als Regierungspartei in einem neuen politischen Umfeld zu positionieren. Schon in den ersten Wochen als Bundeskanzler entschied er sich für eine klare Abgrenzung zum rechten Rand des Parteienspektrums, als Jörg Haider zum Parteichef der FPÖ gewählt wurde. Kurzerhand beendete er die bis dahin bestehende Koalition und riskierte Neuwahlen. Die folgenden Jahre unter Bundespräsident Kurt Waldheim führten dazu, dass Österreichs Rolle während der NS-Herrschaft neu diskutiert wurde. Franz Vranitzky bekannte sich in einer Erklärung vor dem Parlament als erster österreichischer Regierungschef dazu, dass es in der NS-Diktatur in Österreich nicht nur Opfer, sondern auch viele Täter gegeben hatte. In weiterer Folge konnte er erstmals das Verhältnis des Landes zu Israel deutlich verbessern und entkrampfen.

Eine besondere Rolle spielte der Kanzler beim Beitritt Österreichs zur Europäischen Union. Im Land insgesamt und erst recht in seiner Partei zuerst skeptisch gesehen, arbeitete er mit seinem Regierungsteam konsequent an den Beitrittsvorbereitungen. Nach intensiver Diskussion stimmten die Österreicherinnen und Österreicher am 12. Juni 1994 mit mehr als zwei Drittel der Stimmen mit einem »Ja« für den EU-Beitritt, der am 1. Jänner 1995 Realität geworden ist. Die damit einhergehende Durchlüftung des Landes, die Modernisierung der Wirtschaft und der bisher stark zünftlerisch geprägten Strukturen in Österreichs Kammerstaat bleiben untrennbar mit Franz Vranitzky verbunden. Als erster und bisher einziger Österreicher wurde er mit dem Internationalen Karlspreis zu Aachen ausgezeichnet, verliehen für Verdienste um die Einheit Europas.

Was macht ihn für mich bis heute zu einer glaubwürdigen Persönlichkeit? Seine Politik war nicht nur auf die Stimmung der Mehrheit und die Resonanz der Boulevardmedien ausgerichtet, er hat viele andere Akzente gesetzt: so etwa das Eingeständnis der Rolle Österreichs in der NS-Zeit, die Ablehnung einer Koalition mit der FPÖ, aber auch das frühe »Ja« zu einem Beitritt Österreichs zur Europäischen Union. Immer wieder musste er seine Popularität und sein politisches Gewicht aufbringen, um seine Linie einschlagen und durchhalten zu können. Im Rückblick zeigt sich, dass es seit ihm kein Regierungschef im Land mehr geschafft hat, ein derart hohes Maß an Vertrauen und Glaubwürdigkeit zu erreichen sowie eine Reputation, die bis zum heutigen Tag über die Grenzen des Landes hinaus anhält.

Grund genug, dass ich mich um ein persönliches Gespräch mit Franz Vranitzky bemüht habe. Die wichtigsten Aussagen habe ich für Sie zusammengefasst.

48. Spannend im Gespräch ...

Für das Interview mit Franz Vranitzky habe ich einen besonderen Ort gewählt, das Bruno Kreisky Forum in Wien. Dabei handelt es sich um die ehemalige Wohnung des österreichischen Langzeit-Bundeskanzlers Bruno Kreisky, die nach dessen Tod zu einem Zentrum für den internationalen Dialog umgestaltet wurde. Franz Vranitzky gründete es mit Margit Schmidt und Kreiskys langjährigen Wegbegleitern und war 20 Jahre Präsident der Einrichtung. Ein einziger Raum wurde so belassen wie vor 30 Jahren – das Wohnzimmer der Kreiskys. Ein Selbstporträt von Oskar Kokoschka erinnert an Kreiskys Hilfe bei der Rückkehr aus dem Exil, Fotos mit persönlichen Widmungen von amerikanischen Präsidenten, gekrönten und anderen Staatsoberhäuptern bringen den

Atem der Geschichte in den Raum. Selbstverständlich dürfen auch Spuren von Freunden wie Willy Brandt, Helmut Schmidt und Olof Palme nicht fehlen. Hier hat Kreisky mit Staatsmännern gespeist, informell auf die internationalen Beziehungen Einfluss genommen oder mit seinen Mitarbeitern bis in die Nachtstunden an wichtigen Reden gearbeitet. Franz Vranitzky nützt diesen einmaligen Rahmen gerne, wenn er auch noch 20 Jahre nach seiner Zeit als Bundeskanzler um Interviews gebeten wird. Vor unserem Gespräch fragt mich ein älterer Herr, die gute Seele des Hauses, worum es denn heute gehen wird. Ich antworte, dass ich ein Buch unter dem Motto »Macht haben – Mensch bleiben« schreiben würde. Daraufhin bemerkt er sofort »Da haben Sie genau den Richtigen ausgesucht, der ist wirklich immer ein Mensch geblieben!« Pünktlich um elf Uhr erscheint der ehemalige Bundeskanzler im Haus. Er grüßt freundlich, erkundigt sich nach meiner Anreise, lässt sich fotografieren und von meinem Kameramann verkabeln. Schon nach zehn Minuten sind wir mitten im Gespräch.

Meine erste Frage, wie eigentlich die »Ära Vranitzky« begann, beantwortet er nachdenklich und mit einem Schmunzeln:

»Nachdem der damalige Bundeskanzler Fred Sinowatz im Jahr 1984 an mich herangetreten war, in das Finanzministerium einzusteigen, habe ich Bedenkzeit erbeten. Hauptsächlich aus Verantwortung gegenüber meinem damaligen Arbeitgeber. Inmitten meiner Nachdenkphase habe ich dann eines Morgens die Zeitung aufgeschlagen und gelesen, dass meine Ernennung zum Finanzminister fix ist. Dadurch wurde mir die Entscheidung eigentlich weggenommen.«

Weiter vorne habe ich darüber geschrieben, wie viele Quereinsteiger die Politik erst lernen müssen und wie viele daran scheitern. Nach Vranitzkys Einstieg in die Politik als Finanzminister war er nur zwei Jahre später bereits Bundeskanzler. Was war sein Erfolgsgeheimnis?

»Die damalige politische und wirtschaftliche Situation hat einhundert Prozent an Einsatz gefordert«, antwortet er, *»und ich war bereit diesen Einsatz zu bringen. Ich erinnere mich, einmal gegenüber meinem Amtsvorgänger die Rückkehr in meinen eigentlichen Beruf angesprochen zu haben, ohne einen konkreten Zeitpunkt zu nennen. Seine Antwort war nur ein mildes Lächeln. Da habe ich aufgehört, darüber nachzudenken, und mich mit ganzer Kraft auf meine neue Aufgabe gestürzt.«*

Mich beschäftigt dann, wie er nach dem »Antrittsapplaus« als Bundeskanzler die Funktion des Parteichefs ausgefüllt hat:

»Parteiarbeit ist zu einem Gutteil Arbeit an zwischenmenschlichen Beziehungen. Man muss mit den Funktionären Kontakt halten und sollte nach Möglichkeit nicht über ihre Köpfe hinweg entscheiden. Vor allem Veränderungen erfordern viel Überzeugungsarbeit. Man darf da nicht mit Luftblasen argumentieren, weil die zerplatzen schnell, und damit auch die Glaubwürdigkeit.«

Das Stichwort »Glaubwürdigkeit« ist gefallen, jetzt sind wir bei einem interessanten Punkt. Ich frage nach seinen Grundsätzen im Umgang mit Fernsehen und Presse:

»Man braucht die Medien, um mit den Menschen zu kommunizieren. Ich war und bin deshalb immer bemüht, meine Standpunkte nach bestem Wissen und Gewissen zu vermitteln. Dazu kommt: Im Scheinwerferlicht ist man als Politiker ja quasi ein ›gläserner Mensch‹, und das ist auch gut so. Transparenz ist für mich eine Frage der Glaubwürdigkeit. Jede Art von Mauschelei lehne ich aus Prinzip ab.«

Medien leben doch auch von der Vereinfachung und Populisten nehmen ihnen da die Arbeit ab, denke ich bei mir und spreche das an.

»Ich halte es hier mit Willy Brandt, zu dessen politischem Vermächtnis die Kunst des Sowohl-als-auch gehört. Leider wird ein Entweder-oder zunehmend von den Me-

dien eingefordert und die differenzierte Vermittlung eines komplexen Sachverhaltes als Politsprech negativ beurteilt. Nur weil eine Antwort einfach klingt, heißt das noch lange nicht, dass sie auch richtig ist. Oft das Gegenteil.«

Und auf meine Bemerkung, dass Politiker laut Umfragen enorm an Vertrauen eingebüßt haben und dass Werte, wie Franz Vranitzky sie hatte, heute unerreicht bleiben, erwidert er:

»Für mich ist Glaubwürdigkeit die wichtigste Eigenschaft in der Politik. Das ist ein täglicher Kampf, der angesichts der zunehmend komplexeren Probleme nicht leichter wird. Noch dazu werden Politiker heutzutage mit überaus strengen Maßstäben gemessen. Da hatten wir es früher vielleicht eine Spur besser.«

Schließlich interessiert mich natürlich die Frage, wie er es geschafft hatte, den vielzitierten »Draht zum Volk«, die Bodenhaftung nicht zu verlieren.

»Man darf sich nicht im Bundeskanzleramt einsperren«, sagt er sofort. »Selbst sehr gute Mitarbeiter ersetzen nicht das Gespräch mit dem Bürger. Also war ich so oft wie möglich unterwegs und habe den direkten Kontakt gesucht.«

Glaubwürdig zu sein heißt auch, nicht um jeden Preis am Amt zu hängen. Franz Vranitzky hatte sich eine Zeitgrenze gesetzt – und diese auch eingehalten. So konnte er souverän die Umstände bestimmen, wie und wann er den Hut draufhaut. Im April 1997 trat er auf einem Parteitag unter Standing Ovations ab.

»Ich habe mir vorgenommen, zehn Jahre im Amt zu bleiben«, erzählt er daraufhin. »Und daran habe ich mich dann in etwa auch gehalten. Und diese Vorgangsweise war wesentlich angenehmer, als abgewählt zu werden oder wegen einem Skandal abtreten zu müssen. Wenn ich das sehr persönlich anmerken darf.«

Zum Abschluss bitte ich ihn um ein Resümee:

»Ich möchte meinen Dank für dieses Gespräch mit der

Hoffnung verknüpfen, dass sich die sozialdemokratische Bewegung bewusst bleibt, dass gesellschaftliche Zusammenhänge nicht an unseren Staatsgrenzen enden. Ich sage dies vor dem Hintergrund der aktuellen Migrationsbewegungen, die ja ganz katastrophale Ursachen haben. Es ist schließlich nicht so, dass sich da ein paar aufmachen und einen Ausflug nach Mitteleuropa machen wollen, sondern die kommen, weil in ihren Ländern Mord und Totschlag auf der Tagesordnung stehen und sie um ihr Leben laufen. Daher habe ich schon die Hoffnung, dass wir unserem Gedankengut der Gerechtigkeit und des sozialen Zusammenhalts treu bleiben und die Internationale nicht nur singen, sondern auch leben.«

Als wir uns nach diesem Gespräch verabschieden, denke ich nochmals an den freundlichen Herrn, der mich zu Beginn so nett begrüßt hat, und ich erinnere mich wieder: Für mein Buch habe ich tatsächlich den richtigen Gesprächspartner gefunden!

49. Spielregeln für den Weg an die Spitze

- ■ Macht auszuüben und dabei Mensch zu bleiben gelingt nur Persönlichkeiten, die ein hohes Maß an Glaubwürdigkeit erreichen.
- ■ Glaubwürdigkeit führt zum größten Plus auf dem Vertrauenskonto bei den Menschen, auf die es ankommt.
- ■ Ohne dieses Vertrauensguthaben ist es auch für talentierte Verantwortungsträger schwer, auf Dauer erfolgreich in Führungspositionen zu arbeiten.
- ■ Es gibt sehr viele Beispiele, wie schnell ein Vertrauenskonto ins Minus rutschen kann.

■ Wir sollten an Personen Maß nehmen, denen es gelungen ist, Glaubwürdigkeit aufzubauen und weiterzuentwickeln. Von ihnen können wir viel lernen.

■ »Tun, was man sagt und sagen, was man tut« bringt
auf den Punkt, worum es bei der Glaubwürdigkeit in
einer Spitzenposition geht.

■ Bei Glaubwürdigkeit zählen Elemente wie Handschlagqualität, Loyalität und Verlässlichkeit, Verantwortung, Substanz, ein Profil mit Ecken, Kanten und
Kontrasten, besonders aber das Kommunizieren von
Glaubwürdigkeit.

KAPITEL 9

Ich bin so frei – Haltung zeigen und den eigenen Weg wählen

50. Wir haben immer die Wahl

Ich bin so frei und füge noch einen neuen Gedanken zum bisher Geschriebenen hinzu, weil dieser Sie erst zu einem souveränen Machtmenschen werden lässt. Nehmen Sie sich die Freiheit, zeigen Sie Haltung und wählen Sie Ihren eigenen Weg!

Von Viktor E. Frankl wissen wir, dass Menschen immer die Wahl haben, Dinge zu tun oder nicht zu tun – auch unter den schwierigsten Umständen. Die Alternativen wirken zwar oft wenig verlockend. Trotzdem liegt es an uns, wie wir mit unseren Aufgaben umgehen und welche Einstellung wir dazu finden. Als Mitteleuropäer können wir immer Dinge wählen oder abwählen. Andere Menschen an anderen Orten tun sich da schwerer, weil sie in ihrer Entscheidung deutlich weniger frei sind.

Als Verantwortungsträger in einer Machtposition sollte Ihnen diese innere Freiheit stets bewusst sein. Niemand zwingt Sie, Chefin zu sein oder zu bleiben, niemand befördert Sie in Handschellen in eine Schlüsselposition und hält

Sie dort fest. Ebenso wenig können andere bestimmen, wie Sie Ihre Führungsrolle ausfüllen. Sie haben sogar dann die Chance, Dinge zu ändern, wenn Sie »nur Untergebener« sind und mit einem schwierigen Vorgesetzten zu tun haben. Ich habe das selbst erlebt.

Als unsere Söhne im Kindergartenalter waren, gab es in meinem Schreibtisch im Büro eine Lade voller Süßigkeiten, mit Schokolade und allerlei Leckerem. Die Kinder wussten das und holten mich schon deshalb gerne im Büro ab. Nach ihrem Eintreffen packte ich zusammen, um mit ihnen in die Freizeit zu entfliehen. Just in diesem Moment hatte mein damaliger Chef neue Arbeitsaufträge für mich parat, die ihm vor sechzehn Uhr nie eingefallen wären. Für die Anwesenheit der Jungs hatte er kein Verständnis, meine Söhne sollte ich gefälligst zu Hause oder anderswo betreuen, aber nicht im Büro. Dass ich am Gehen war und nur ihm zuliebe den Computer nochmals hochgefahren hatte, entging ihm. Meine Frau wartete mit den Kindern fortan im Auto auf mich, das Büro mit den Süßigkeiten war kein Thema mehr. Die Begründung, von der ich nichts wusste: »Papas Chef ist ein bisschen komisch.«

Wenn der Chef komisch ist, geht man

Wenig später saß ich mit meinem fünfjährigen Sohn Stefan an der Bushaltestelle und wir sprachen über meine Arbeit. Ich erzählte ihm, dass ich demnächst in eine andere Abteilung wechseln würde, worauf er spontan feststellte: »Ist das deshalb, weil dein Chef ein bisschen komisch ist?« Sofort hatte er den wunden Punkt getroffen und ich war sprachlos. Sein treffender Befund hatte hauptsächlich mit dem Nicht-Zugang zu den Süßigkeiten zu tun. »Wenn der Chef komisch ist, geht man«, hat er gelernt. Habe ich ihm da etwas Sinnvolles mitgegeben? Ja, ich bin mir sicher. Jeder von uns kann und soll seine Wahlmöglichkeiten im Leben nützen. Manchmal müssen Sie dafür sogar einen Chef »abwählen«!

Diese Wahlmöglichkeit haben Sie immer, vielleicht bezahlen Sie einen Preis dafür und die Folgen sind vorerst unangenehm. Aber die Freiheit zu wählen, steht Angestellten ebenso zur Verfügung wie den Machthabern an der Spitze. Machen Sie gerade in Ihrer Führungsrolle von Ihren Möglichkeiten Gebrauch, wählen Sie souverän und selbstbestimmt zwischen den Alternativen, und achten Sie darauf, dass Sie selbst nicht abgewählt werden!

Nichts hinwerfen und nicht festkrampfen

Wählen zu können ist kein Freibrief dafür, sich leichtfertig aus einer verantwortungsvollen Aufgabe davonzustehlen. Von Verantwortungsträgern erwarten wir, dass sie manches aushalten und durchhalten. Trotzdem ist die Frage nach dem Preis gestattet, den eine Machtposition mit sich bringt: Ist dieser zu hoch, müssen Sie ihn nicht mehr bezahlen oder sich in einer Funktion »festkrampfen«. Personen an der Spitze handeln dann verantwortungslos, wenn sie selbst schon innerlich gekündigt haben und trotzdem an ihrer Position kleben.

Die Entscheidung, zu gehen, erfordert Charakterstärke, einfach ist sie nie. Andere haben Ihnen vertraut und Sie in ein Amt berufen. Ihre Mitarbeiterinnen haben Hoffnungen in Sie gesetzt, die jetzt vielleicht enttäuscht werden. Als Chef Schluss zu machen, ist keine Privatsache. Diese Entscheidung sollte loyal überdacht, abgewogen und am Ende ordentlich und fair kommuniziert werden. Allerdings haben Sie immer die Freiheit, Nein zu sagen. Kein Amt, keine Funktion und keine Machtposition kann wichtiger sein, als Mensch zu bleiben. Das Wohl Ihrer Familie und der Menschen, die Ihnen nahestehen, Ihre persönliche Gesundheit und Integrität zählen mehr als das Festhalten an einer Führungsfunktion. Eine Beziehung ist erst dann wertvoll, wenn sie auch beendet werden kann – ein deutlicher Unterschied zu allen Formen der Abhängigkeit.

Gehen Sie immer wieder auf Distanz zu Ihrem Tun und machen Sie durchaus einmal einen Schritt zurück: Begeben Sie sich in eine Art Kino und schauen sich den Film an, in dem Sie die Hauptrolle spielen. Aus dem Abstand können Sie bewerten, wie der Held agiert, ob er glaubwürdig wirkt oder durch die Umstände getrieben wird. Wo würden Sie das Drehbuch dieses Films ändern, wenn Sie es könnten? Welche Szene würden Sie weglassen, welches Element fehlt? Sie haben immer die Wahl, dem Drehbuch Ihres Lebens einen neuen Verlauf zu geben – im Beruf und privat, auch unter widrigsten Bedingungen. Manchmal reicht es schon, sich dieser Alternativen bewusst zu sein. Wenn Sie wissen, dass Sie fast alles im Leben anstreben und auswählen, anderes jederzeit klar abwählen können, werden Sie auch eine verantwortungsvolle Aufgabe an den meisten Tagen mit der erforderlichen Leichtigkeit wahrnehmen.

51. Frei sein, wie ich es meine

»Ich bin so frei!« gilt für jeden und jede in einer Spitzenposition. Das Gefühl von innerer Freiheit lässt Sie kraftvoll, lustvoll und mit Gestaltungswillen eine Machtposition anstreben und ausüben. Sie lernen die Spielregeln kennen, nehmen mit gesundem Ehrgeiz Rücksicht auf andere und bleiben trotz aller Risikofreude im richtigen Moment vorsichtig. Schließlich geht es um viel, es geht immer um Menschen. Frei sein heißt andererseits, auch Regeln brechen zu dürfen, Grenzen auszuloten und zu überschreiten und auf Konventionen zu pfeifen, wenn es der Sache nützt.

Am Beginn des Buches habe ich darüber geschrieben, wie wichtig es ist, ein Typ zu sein, ein Original zu sein und unterscheidbar zu bleiben. Wie lautete ein Nachruf auf Luciano Pavarotti so treffend: »Tenöre gibt es viele, doch nur einen Maestro!« Achten Sie darauf, dass Sie nicht bloß einer von vielen sind. Werden Sie in Ihrer Führungsrolle zum Maestro!

Machen Sie von Ihrer inneren Freiheit so Gebrauch, dass andere das sehen können. Fast immer haben Sie einen bestimmten Entscheidungs- und Handlungsspielraum. Ihre Bewegungsfreiheit wird größer, wenn Sie diesen konsequent nutzen und hie und da die Grenzen ausloten. Das ist gut für Sie und gut für andere, die durch Ihr Beispiel ermutigt werden. Ulrike Scheuermann hat mit »Innerlich frei« einen Leitfaden geliefert, wie Sie Ihre negativen Seiten und andere Unbill annehmen und sogar davon profitieren können. Bleiben Sie ein Original und werden Sie keine schlechte Kopie, indem Sie auf sozial erwünschtes Verhalten setzen.

Sie entscheiden, ob Sie eine Spitzenposition übernehmen oder nicht, ob Sie einen Schlussstrich ziehen oder nicht. Sie bestimmen, wie Sie Ihre Führungsrolle anlegen. Manche Situationen können Sie sogar als Chefin nicht ändern, aber Dinge aus- und anzusprechen ist das Mindeste, was Sie sich und anderen schuldig sind. Warum sollten Sie frauenfeindliches Verhalten vornehm übergehen – um des lieben Friedens willen? Wozu muss Politik ständig so ablaufen, dass die Familie der Betroffenen dabei kaputtgeht und ganze Stäbe von Mitarbeitern ausbrennen? Wem nützt es, wenn viele Selbstständige sich oft in Richtung Herzinfarkt bewegen? Niemandem? Besser rechtzeitig das Wort ergreifen und nicht erst, wenn es zu spät ist.

Freiheit leben

Im Kopf frei zu sein, ist der erste Schritt. Diese Freiheit zu leben, ist der entscheidende zweite Schritt. Mag sein, dass Sie dabei manchmal auf Ablehnung stoßen und Irritationen auslösen. Machen Sie trotzdem von dieser Freiheit Gebrauch, um als Machtmensch attraktiv zu bleiben, andere zu begeistern und in einem umfassenden Sinn Erfolg zu haben. Andere spüren das, hören das aus ungesagten Worten heraus und sehen Sie als einen Menschen, zu dem sie aufschauen können. Ich übernahm schon öfter in schwierigen Situationen neue Aufgaben, vor denen sich andere zuvor gedrückt hatten. Voraussetzung war, dass ich zu meinem Chef oder meiner Chefin mit Respekt aufschauen konnte. Menschen mögen Führungskräfte, auf die sie stolz sein können, geben Sie ihnen Gelegenheit dazu!

Die Kehrseite

Umgekehrt gibt es Chefs, die sich in ihrer Funktion selber leidtun oder restlos überfordert sind. In ihrem Selbstmitleid schaffen sie es spielend, andere an ihrem Unwohlsein teilhaben zu lassen. Lautstark beklagen sie die Last ihrer Aufgaben, die Unfähigkeit aller anderen und fühlen sich unverstanden. Außerdem sind sie unterbezahlt und erzählen das ausgerechnet jenen, die tatsächlich viel weniger verdienen. Ulrich Dehner nennt das »Problemtrance«, die ganze Unternehmen und Parteien erfassen kann. Wer sich für die erste Reihe nicht geeignet hält, sollte es doch einfach bleiben lassen oder gehen. Es ist unverantwortlich, andere in Geiselhaft zu nehmen. Jede Freude und jede Motivation gehen sonst verloren. Da kann sich die Abteilung Human Resources noch so abstrampeln, der Erfolg bleibt aus, wenn die Person an der Spitze eine Fehlbesetzung ist. Führungskräfte, die dennoch verkrampft an ihrer Position festhalten, sind wie ungeübte Reiter, die ihr Pferd nicht unter Kontrolle haben und im Sattel so lange hin und her schwanken, bis sie zu Boden fallen.

Manche übernehmen eine Spitzenposition und wirken fremdbestimmt und ferngesteuert. Für Außenstehende kaum erkennbar kommt eine negative Dynamik in Gang, die die Betroffenen krank macht und andere mit nach unten zieht. Das Fatale ist, dass ihnen das anfangs oft gar nicht bewusst ist, die Folgen spüren sie erst viel später. In der Demokratie gibt es meistens Erlösung: Sie werden abgewählt. Die Menschen leisten an der Wahlurne Linderung. In Unternehmen und in vielen anderen Organisationen gibt es keine Abwahl. Das ist schade, weil notwendige Selbstreinigungsprozesse in die Länge gezogen werden.

Es darf gelacht werden

Behalten Sie Ihr Gespür für das Wesentliche, nehmen Sie sich die Freiheit, Ihre Möglichkeiten auszuschöpfen und dadurch zu erweitern. Im Bewusstsein über Ihren tatsächlichen Aktionsradius werden Sie Ihre Position freudvoll und motiviert ausfüllen. Mitarbeiter, Partner, Kunden, Ihre Wählerinnen und sogar der passive Teil des Publikums werden es Ihnen danken. Wenn der Chef oder die Chefin Spaß und Freude an ihrer Verantwortung hat, kann das anstrengend sein. Wenn bei allem Druck und Tempo gelacht wird und gelacht werden darf, liegen Sie richtig. Das gilt sogar im Wahlkampf: »Half of the campaign is to keep the candidate happy.« Gut drauf sein, wenn es darauf ankommt!

Als Student habe ich ein Sommerhotel geführt, mit anderen Studierenden als Mitarbeiterinnen. Wir hatten von so vielen Dingen keine Ahnung, mussten erst lernen, worauf es in einem Hotel ankommt. Unser Haus war lieblos gebaut, die Zimmer abgewohnt und bei kühlem Wetter hatten die

Gäste zu wenig Warmwasser zum Duschen. Fröhlich gaben wir unser Bestes, auch wenn uns die Arbeit zum Saisonhöhepunkt extrem forderte. Nach Dienst waren wir noch halbe Nächte zusammen unterwegs und haben über »unser« Hotel gescherzt. Vielleicht lag es am Restalkohol, dass wir morgens schon wieder übermütig und fröhlich den Tag begannen. Ein Gast machte mir damals ein besonders schönes Kompliment: »Ihr Hotel gefällt mir. Wissen Sie, ich bin ein Morgenmuffel. Wenn ich in der Früh in lange Gesichter blicke, verdirbt mir das den ganzen Tag. Da nützt mir kein Vier- oder Fünf-Sterne-Komfort. Bei Ihnen ist das anders, alle sind freundlich, es wird gelacht, und das tut gut!« Es wird gelacht. Wenn die Chefs ihre Aufgabe gern machen, fällt es allen leichter, einen guten Job hinzulegen.

52. Haltung einnehmen, Haltung zeigen

Wenn Ihnen Ihre Wahlmöglichkeiten bewusst sind und Sie spüren, um wie viel kraftvoller Sie handeln, wenn Sie von Ihrer inneren Freiheit Gebrauch machen, ist ein weiterer Schritt fällig: Gönnen Sie sich das Privileg einer eigenen Meinung und zeigen Sie Haltung! Das hat mit Glaubwürdigkeit zu tun, mit aktiver Kommunikation und damit, Ihren Zielen treu zu bleiben. Mut und Zivilcourage kommen dazu. »Ein bissl was trauen sollte man sich schon«, nennt es Franz Küberl mit Understatement. Das bedeutet, Disharmonie und Kritik auszuhalten, dann Kraft aus inneren Überzeugungen zu schöpfen, wenn der Zuspruch von außen länger ausbleibt. Astrid Zimmermann vermisst derzeit eine Kultur des öffentlichen Diskurses. Im Gegenteil, anderslautende Meinungen werden sofort niedergemacht. Der gesellschaftliche Dialog scheint unter die Räder der Populisten zu kommen. Sich vollständig daraus zurückzuziehen, bringt uns niveauvolle Diskussionen und das ehrliche Ringen um Lösungen nicht zurück. Wir brauchen Menschen, die für etwas stehen, die Veränderungen vorantreiben, Missstände artikulieren und beseitigen wollen. Haltung zahlt sich aus.

Angela Merkel hat einige Fehler gemacht, sich über manchen Konflikt hinweggeschwindelt. Für ihre Haltung zur Griechenlandkrise, zur Flüchtlingswelle oder zur Wahl von Donald Trump hat sie neben Kritik und Hass auch Respekt und Anerkennung geerntet. Frank Walter Steinmeier wurde oft als »graue Maus«, als Bürokrat im Hintergrund empfunden und hatte als Außenminister so viel Profil gewonnen, dass er 2017 logischer Favorit für die Wahl zum deutschen Bundespräsidenten war. SPD-Mann Martin Schulz hatte in seinem Leben nicht viel ausgelassen, Niederungen erlebt, Tiefpunkte gemeistert und schaffte es vom Bürgermeister bis zum Präsidenten des Europäischen Parlaments und zuletzt an die Spitze der SPD. Haltung erntet Respekt.

Jeder von uns wird demokratische Wahlergebnisse anerkennen. Öffentlich zu sagen, dass Präsident Donald Trump der Welt nicht guttut, muss trotzdem möglich sein. Wir Europäer dürfen das »Trumpeltier« kritisieren, obwohl wir genug eigene unerfreuliche Baustellen haben. Haltung könnte auch heißen, Trump und sein Verhalten gut zu finden. »Let's agree to differ« heißt es so treffend im anglikanischen Sprachraum. Sich über die Unterschiede einig zu sein, bedeutet Fortschritt – ein Denken, das wir jemandem wie Donald Trump eher nicht zutrauen.

Haltung an der Unternehmensspitze

An der Spitze der Unternehmen suche ich länger nach Persönlichkeiten mit Haltung. Manager müssen ihren Laden zusammenhalten, ihre Produkte laufend überprüfen und die Wünsche ihrer Kunden zufriedenstellen. Gleichzeitig benötigen sie viel Hirnschmalz, um gute Mitarbeiterinnen zu gewinnen und im Unternehmen zu halten. Da bleibt nicht viel Zeit für klare Haltungen nach außen, zuerst kommt das »eigentliche« Geschäft. Christian Kern hatte 2015 noch als ÖBB-Chef mit der Bahn die logistische Mammutaufgabe der Flüchtlingsströme zu bewältigen. Er war Partner der Zivilgesellschaft mit ihrer enormen Eigendynamik, hatte Kritik der bisherigen Kunden an vollen Zügen und überfüllten Bahnhöfen zu managen und die Spielchen der Stakeholder aus der Politik auszuhalten. Diese Feuerprobe hat Kern mit Haltung bestanden, wohl mit ein Grund dafür, dass er heute Bundeskanzler ist.

»Wir haben zu viele, die nicht mehr wissen, wo sie hinwollen, daher können ihnen die Leute auch nicht folgen. In internationalen Großkonzernen sind heute nicht immer die innovativsten Kräfte tätig, was dazu führt, dass sie verstärkt Start-ups aufkaufen, um sich neue Ideen hereinzuholen. Die Politik kann sich leider keine Start-up-Parteien einkaufen, damit sie neue Ideen entwickelt.« Dietmar Ecker provoziert und seine Diagnose fällt hart aus, doch seine zentrale Aussage wird man nicht wegwischen können.

Allerdings besteht genau darin die Chance für Persönlichkeiten an der Spitze von Unternehmen. Die meisten anderen haben weder Zeit noch Lust, eine pointierte Meinung zu äußern. Das ist die Gelegenheit, sich abzuheben! Sie geben ein Statement ab und schärfen Ihr Profil.

Populismus und Rechthaberei

Das Agieren der Populisten hat für mich nichts mit Haltung zu tun. Dem Volk konsequent aufs Maul zu schauen, Stimmungen aufzugreifen und für billige Meinungsmache zu nutzen, ist unredlich. Selbst wenn solche Personen bei Kritik erst recht an ihrer Meinung festhalten, ist das nicht die Haltung, von der ich hier spreche.

Ich verstehe durchaus manche Polemik gegen übertriebene »Political Correctness«. Diese birgt die Gefahr, die dicken Fische laufen zu lassen und sich im Klein-klein mit Nebenthemen zu verlieren. Mein Verständnis endet aber dort rasch, wo Leute »Political Correctness« kritisieren, sich aber gleich einen Freibrief holen, alle Korrektheit, jeden Anstand und ihre Manieren beiseite zu lassen, um mit dem Ellbogen weiterzumachen.

Haltung hat auch nichts damit zu tun, sich mit Eifer und Selbstgerechtigkeit in Positionen zu verrennen, die zwar für eine Minderheit wahr und richtig sind, jedoch in der übrigen Gesellschaft auf wenig Akzeptanz stoßen. Nach vielen Gesprächen mit Achill Rumpold reagiere ich heute sehr reserviert, wenn Zeitgenossen die Wahrheit für sich gepachtet haben und mit missionarischem Sendungsbewusstsein auftreten. Bei jungen Menschen stört mich das weniger, bei erfahrenen finde ich es abstoßend. Schon die Bibel stellt die Frage: »Warum siehst du den Splitter im Auge deines Bruders, aber den Balken in deinem Auge bemerkst du nicht?« Über jede andere Meinung erhaben zu sein und sich dabei noch sauwohl und hochanständig zu fühlen, zeigt weder Reife noch Haltung.

Wenn meine Coaching-Kunden in die Irre laufen, erzähle ich ihnen gerne den alten Geisterfahrerwitz: »Radiosprecher: Vorsicht Geisterfahrer, ein Fahrzeug kommt Ihnen entgegen. Bleiben Sie rechts und überholen Sie nicht. Autofahrer: Was heißt denn eines, das sind doch hunderte?!« Gemeinsam arbeiten wir daran, dass sie bald wieder auf die richtige Spur finden. Alles andere schadet anderen und am meisten ihnen selbst – wie bei einer Geisterfahrt.

Richtig harte Arbeit

Ulrich Dehner, mein Coach-Ausbilder aus Konstanz, setzt mit einem Augenzwinkern noch eins drauf: »Wenn du als Führungskraft einige Leute gegen dich hast, ist das normal. Wenn du viele gegen dich hast, ist das schon ungewöhnlich. Wenn du aber alle – wirklich alle – gegen dich hast, dann ist das richtig harte Arbeit!« Vor dieser harten Arbeit warne ich Sie, Sie brauchen Ihre Energie für Besseres. Behalten Sie das Wesentliche im Blick, dann werden Sie nicht in Versuchung kommen, absurde Meinungen mit Haltung zu verwechseln.

Haltung zahlt sich aus. Haltung hilft, weit über Ihre täglichen Aufgaben hinaus Einfluss zu nehmen und Positives zu verstärken. Eine klare Haltung gibt Ihnen Kraft, wenn Sie mit Negativem umgehen und zurechtkommen müssen. Manchmal beherzt Ja zu sagen, gelegentlich energisch mit Nein zu antworten oder auch gar nichts zu tun und sich zurückzunehmen, fällt leichter, wenn Sie Ihren eigenen Werten und Ihrem persönlichen Kompass folgen.

53. Selbstbewusst den eigenen Weg gehen

Sie kennen Ihre Wahlmöglichkeiten, Sie machen von Ihrer Freiheit Gebrauch und zeigen Haltung. Machtmenschen werden erfolgreich und wirksam sein, wenn sie zum Kern vordringen. Wofür brennen Sie, was ist Ihnen so wichtig, dass Sie es unter keinen Umständen zur Disposition stellen würden? Der nicht verhandelbare Wesenskern und Ihre Werte prägen Sie nicht nur privat, sondern färben auf Ihre Umwelt ab. Georg Wawschinek hat in »Charisma fällt nicht vom Himmel« dazu aufgefordert, diesen Kern herauszufinden, wenn Sie Wirkung, Ausstrahlung und Charisma entwickeln möchten. Menschen, die sich in diesem Sinne ihres Selbst bewusst sind, werden gut auftreten, führen und entscheiden. Wählen Sie selbstbewusst Ihren eigenen Weg! Was macht Sie aus, was treibt Sie an, auch unter Höchstbelastung das Beste zu geben?

Selbstbestimmt statt fremd gesteuert

Ihren eigenen Weg zu wählen, führt zu Lebensqualität, weil Sie selbstbestimmt Ihre Entscheidungen treffen. Vor Kurzem hat eine internationale Studie des Personalvermittlers Robert Half nachgewiesen, dass Führungskräfte die glücklichsten Mitarbeiter sind. Wie schon erwähnt, bin ich seit zwei Jahren Direktor der Kärntner Verwaltungsakademie. Schon vorher hatte ich eine Führungsfunktion, jetzt ebenso. Auch mein Verdienst ist gleichgeblieben. Auf den ersten Blick also keine spektakuläre Veränderung, nur eine Sache ist neu: Ich habe mehr Entscheidungsfreiheit als früher. Trotzdem schließe ich Kompromisse, nehme Rücksicht und überhaupt geht mir alles viel zu langsam. Doch ich arbeite zufriedener als vorher. Fehler sind meine Fehler, niemand treibt mich dort hin. Viele kleine Fortschritte führe ich ebenso auf mein eigenes Tun zurück. Meine Motivation kommt meistens von innen, obwohl ich mich über Lob und Anerkennung freue. Niemand muss mich belohnen, um meine Organisation und mich weiterzuentwickeln. Ich wünsche Ihnen, dass Sie ein ähnliches Privileg genießen und im Laufe Ihrer Karriere die Chance auf mehr selbstbestimmte Entscheidungen erhalten. Dadurch wird Führen wertvoll und sinnvoll.

Nein sagen

Mein Tipp für Ihren Weg nach oben: Jagen Sie nicht kurzfristigen Benefits hinterher, entscheiden Sie auf jeder Stufe der Karriereleiter neu, was Ihnen guttut. Kurz vor Studienende erhielt ich das Angebot, Büroleiter des Bürgermeisters von Salzburg zu werden. Eine große Ehre und mit 25 Jahren ein großer Karriereschritt. Mein künftiges Büro war im Schloss Mirabell situiert – mit Blick auf die Festung Hohensalzburg. Ein Fotomotiv für Millionen Touristen aus aller Welt, Sie waren sicher auch schon dort. Kein schlechter Arbeitsplatz für einen ehrgeizigen jungen Mann an den Schalthebeln der Macht, oder? Ich hatte freudig zugesagt, doch zur Bedingung gestellt, dass ich noch einmal »mein« Sommerhotel leite und erst im Herbst die neue Aufgabe antrete. Dieser Wunsch wurde vorerst akzeptiert, wenige Monate später übte mein künftiger Chef Druck auf mich aus: »Jetzt oder nie.« Eine Aufgabe, die Loyalität verlangt, wollte ich nicht mit einer Illoyalität gegenüber dem bisherigen Arbeitgeber vieler schöner Sommersaisonen beginnen. Ich hatte schließlich mein Wort gegeben. Am Ende bin ich nicht ins Schloss Mirabell eingezogen und muss heute noch lächeln, wenn ich bei einem Salzburg-Besuch gemeinsam mit japanischen Touristen ein Foto vom schönen Mirabell-Garten mit Blick auf die Festung schieße. Ich bin mir treu geblieben und habe es nie bereut. Übrigens hat der Bürgermeister später eine verheerende Wahlniederlage eingefahren, erstmals seit Jahrzehnten kam es zum Machtwechsel in Salzburg und das Büro mit der guten Aussicht wäre ich ohnehin bald wieder losgeworden.

Ganz oben sind Sie am Zug

Wenn Sie eine Spitzenposition erreicht haben, liegt es an Ihnen, wertschätzend mit Menschen umzugehen, konsequent zu handeln und zu entscheiden. Konsequent zu sein und Mensch zu bleiben, habe ich als besonders fordernd empfunden. Ich arbeite bis heute an mir, diesen Spagat in meinem Führungshandeln zu leben. Ich weiß, es gibt Einfacheres. Sich etwas zu trauen und zuzutrauen, Haltung zu zeigen und geradlinig zu sein, obwohl man selbst von Zweifeln geplagt ist. Wenn Sie Ihrem inneren Kompass folgen, können Sie weit über sich hinauswachsen. Sie werden schwierige Weggabelungen meistern, zwar mit einigen Kratzern und Blessuren, aber halbwegs unbeschadet. Ein Blick für das Wesentliche, ein aufrechter Gang und die passenden Worte werden auch dann geschätzt, wenn es gerade nicht gut läuft. Erinnern Sie sich noch an Klaus Wowereit den ehemaligen regierenden Bürgermeister von Berlin? Er bekannte sich offen zu seiner Homosexualität: »Ich bin schwul und das ist auch gut so.«

Ein starker Abgang

Als Coach werde ich angefragt, wenn Personen neue Aufgaben übernehmen, sich bewerben müssen oder eine Krise zu meistern haben. In diesen Phasen ist es naheliegend, sich professionelle Unterstützung von außen zu holen. Geht es hingegen um einen guten Abgang oder einen positiven Übergang in eine andere Aufgabe, denken die wenigsten an Coaching und möchten das am liebsten mit sich selbst ausmachen. Das ist schade, weil Sie gerade in diesen Momenten die Chance haben, Führungsstärke zu zeigen, Ihren persönlichen Stil zu wählen und für eine gute Nachrede zu sorgen.

»Clean entrance, clean exit« gilt für jeden Auftritt in der Öffentlichkeit, besonders für Ihre Reden. Ein erfolgreicher Beginn macht das Publikum gewogen, ein gutes Ende bleibt in Erinnerung. Früher achteten Kommunikationstrainer auf einen starken Einstieg. Für den ersten Eindruck gibt es ja keine zweite Chance. Heute richtet sich die Aufmerksamkeit auf einen sauberen Abschluss. Der letzte Eindruck bleibt bei den Zuhörern haften. Das gilt erst recht für Spitzenfunktionen in Politik und Wirtschaft. Wollen Sie wirklich sang- und klanglos von der Bühne gehen, obwohl Sie viel Herzblut in Ihre Aufgabe gesteckt haben, obwohl Menschen zurückbleiben, mit denen Sie eben noch durch dick und dünn gegangen sind und die für Sie durch dick und dünn gegangen sind? Macht ist in der Demokratie geliehen, irgendwann kommt die Zeit, abzutreten. Das erfolgt nicht immer selbstbestimmt, oft durch Wahlniederlagen, nach Fehlern oder im Zuge von Machtverschiebungen. Engagierte Leute erreichen jung hohe Ämter und Funktionen. Nach etwa zehn Jahren haben sich die Wähler auch an beliebten Repräsentanten sattgesehen. Aus einer Spitzenfunktion heraus in die Rente zu wechseln, hat Seltenheitswert. Unsere Mediengesellschaft fordert früher neue Gesichter an der Spitze, frisches Blut, Jüngere, Frauen statt Männer oder umgekehrt, Krisenmanager, Visionäre, Landesväter oder Sonnyboys, Abwechslung muss sein. Heißt im Klartext: Time to say Good Bye. Das bedeutet Verzicht auf öffentliche Präsenz, auf manche Annehmlichkeit und darauf, ganz vorne mitzumischen. Dass Sie sich oft in einer Scheinwelt bewegt haben, merken Sie erst später, wenn Sie Distanz gewonnen haben, der Freundeskreis wieder kleiner geworden ist und wenn Sie erkennen, dass es noch andere Dinge gibt, die im Leben zählen.

Ein ähnliches Bild in der Wirtschaft: Es muss nicht gleich eine feindliche Übernahme sein, die das Aus für den CEO bedeutet. Die Durchhaltezeit an der Spitze von Konzernen beträgt drei bis fünf Jahre. Langzeit-Vorstände, die Großunternehmen wie Eigentümer eines Familienbetriebes führen, bilden seltene Ausnahmen. Spitzenleute müssen sich daher zunehmend mit ihrem Abgang und mit einem guten Übergang zu neuen Aufgaben beschäftigen. Die »Götterdämmerung« (© Dietmar Ecker) lässt sich nicht aufhalten. Nützen Sie die Chance, einen starken Abgang zu Ihren Bedingungen hinzulegen!

Erhobenen Hauptes abzutreten, unterstützt nicht nur den notwendigen Neubeginn. Sie nehmen Ihre Verantwortung ernst, wenn Sie Ihre Position besser zurücklassen, als sie diese vorgefunden haben. Erst dann waren Sie als Machtmensch in einem umfassenden Sinn erfolgreich. Wie bei einem guten Rotwein können Sie Ihren Abgang genießen und wissen, dass Sie noch ein langes Leben danach haben werden. Schließlich trifft man sich fast immer ein zweites Mal – und das ist gut so!

54. Persönlichkeiten passen in keine Schubladen

Jeder Mensch geht seinen eigenen Weg, das gilt erst recht für die Personen, die ich für dieses Buch als Gesprächspartner gewinnen konnte. Sie haben stets einen Beitrag zum Ganzen geleistet und doch selbstbestimmt von Zeit zu Zeit die Weichen neu gestellt und von vorn begonnen. Fair und loyal mit anderen zu arbeiten und die eigenen Bedürfnisse und Stärken nie außer Acht zu lassen, halte ich für eine attraktive Variante, Verantwortung in einer Spitzenposition wahrzunehmen. Menschen, die das tun, passen in keine Schubladen.

Macht langweilt mich

Hubert Patterer arbeitete parallel zum Studium bei der Kleinen Zeitung und ist irgendwann dort hängengeblieben: Aufbau des ersten Regionalbüros, Sportchef, Kulturchef und Lokalchef. Später kam der Chef vom Dienst noch dazu, dann folgte der Ruf in die Zentrale nach Graz als stellvertretender Chefredakteur, der gleich für einen grundlegenden Relaunch der Kleinen Zeitung hauptverantwortlich war. Den »Suchtberuf Journalist« hat er in allen Facetten kennengelernt, seit mehr als zehn Jahren ist er inzwischen Chefredakteur der

Gesamtausgabe. Hubert Patterer erhielt zahlreiche Medienpreise und hat erfolgreich daran arbeitet, eine stark regional verankerte Zeitung für das Zeitalter der Digitalisierung neu aufzustellen.

Als Chefredakteur ist er selbst kraft seiner Funktion Machtmensch, obwohl er »kein geplantes Verhältnis zur Macht« hat: »Macht langweilt mich, Gestaltungsmacht in Bezug auf die tägliche Ausgabe ist da schon viel interessanter.« Er schüttelt den Kopf über Politiker, die sich durch Allianzen mit Medien abhängig machen, hat Respekt vor denen, die da nicht mitspielen. Wer an der Spitze eines Unternehmens steht, sollte allerdings im Umgang mit Medien eine gewisse Routine entwickeln, sonst wäre er rasch überfordert. Hubert Patterer weiß, dass er als Chefredakteur nicht bloß distanzierter Beobachter des Geschehens sein kann, sondern – ungewohnt – selbst eine öffentliche Person geworden ist, er nennt es den Außenminister der Zeitung. Sogar er muss dann robust sein, um mit der Beurteilung und Wahrnehmung anderer umzugehen. Dazu holt er sich Leute, die loyal, aber auch zu Widerspruch fähig sind.

Es gibt wohl Beispiele von Führungskräften, die für ihre nähere Umgebung ausschließlich Leute wählen, die bedingungslos gefügig sind: »Wenn dann überhaupt kein Widerhaken mehr da ist, kann es schon bald bergab gehen.« Hubert Patterer bezeichnet sich als »Universaldilettant«, was sein umfassendes Wissen und seine Erfahrung sehr bescheiden zusammenfasst. Im Frühjahr 2017 erhält er dafür die vorerst letzte Anerkennung: »Der Österreichische Journalist« wählt ihn zum »Chefredakteur des Jahres«!

Führung beginnt bei sich selbst

Monika Kircher war bis 2014 CEO von Infineon Technologies Austria. Als eine der wenigen Frauen in einer solchen

Spitzenposition eines Unternehmens galt ihr die Aufmerksamkeit der Öffentlichkeit. Zuvor war sie Vizebürgermeisterin der Stadt Villach und in diese Funktion aus einem zuerst ehrenamtlichen und später hauptberuflichen Engagement in der Entwicklungszusammenarbeit gekommen. Wie gelangen diese Ein- und Umstiege in exponierte Funktionen? Sie meint dazu sachlich: »Ich hatte immer das Glück, dass es Menschen gab, die an mich geglaubt und mir Türen geöffnet haben. Ich war ja eher die Frau, die eingeladen werden wollte. Der Rest war harte Arbeit. Geholt wurde ich wegen meiner Persönlichkeit und Führungsqualitäten. Führung beginnt schließlich immer bei sich selbst, in der Politik, im Unternehmen, aber auch in der Zivilgesellschaft.« Mit wenigen Worten bringt sie auf den Punkt, worauf es ankommt. Respekt vor der Aufgabe, aber auch Respekt vor den Menschen und deren Kompetenz innerhalb einer Organisation, gerade dann, wenn man selbst von außen kommt.

Monika Kircher ist eine Person, die in ihrer Laufbahn manches attraktive Angebot erhielt und ablehnte. In anderen Fällen hatte sie sich für etwas zu entscheiden und einzuarbeiten und dann wieder Risiko für Veränderung zu nehmen. »Ich habe auch öfter mal Nein zu sehr guten beruflichen Angeboten gesagt. Auch darauf bin ich im Nachhinein stolz. Das sind entscheidende Momente gewesen und ich bin dankbar, dass ich deren viele hatte und auch das Gefühl, ich bin nicht Opfer meines Lebens, ich entscheide selbst.«

Monika Kircher hat den Wechsel in die Politik und von dort an die Unternehmensspitze eines börsennotierten Unternehmens bestens gemeistert. Dabei blieb sie allerdings über Jahre eine Ausnahmeerscheinung, an der man sich orientieren konnte. Sie war Vorbild für Frauen in Führungsfunktionen, hat diese gefördert und tut das heute noch. Kein Wunder, dass sie bis zu ihrem Ausscheiden als CEO als Personalreserve für höchste politische Ämter im Land und auf Bundesebene im Gespräch war. Ich kann mich gut an ihren

Stoßseufzer vor einigen Jahren erinnern:»Wie lange werde ich wohl noch als Zukunftshoffnung gehandelt?« Ich schätze, dass das mindestens bis zu ihrem 70. Geburtstag so bleiben wird – und der steht noch lange nicht an! Ihr Rat an künftige Verantwortungsträger:»Dass sie den Druck rausnehmen sollen, sich nichts dreinreden lassen und ihre Jugend genießen. Mit 25 darf man noch Fehler machen, und muss nicht gleich mit drei abgeschlossenen Studien in eine Führungsposition gehen.«

Prägt eine Meinung aus und dann geht rein

Von seinem beruflichen Werdegang her ist Dietmar Ecker ein Grenzgänger, stets war er an der Schnittstelle zwischen Politik, Medien und Wirtschaft tätig. Mit 23 Jahren war er Pressesprecher des damaligen Finanzministers. Dieser hatte persönlich wenig Bedürfnis nach Öffentlichkeit und nicht zuletzt dank Ecker dennoch hohe Popularitätswerte. Später gelang es, trotz schwieriger Ausgangslage mit dem Bundeskanzler einen Wahlkampf zu gewinnen, kurz darauf erfolgte der Abschied aus der Politik. Im Zuge eines Management-Buy-outs gründete er eine Kommunikationsagentur. In einigen Jahren baute er diese zur größten eigentümergeführten Agentur Österreichs aus. Experte für Krisenmanagement, spektakulärer Auftrag im Skiort Ischgl nach einer Lawinenkatastrophe, mediale Betreuung von Natascha Kampusch in den ersten Tagen nach ihrer Flucht und Kommunikation für Banken in Krisensituationen waren nur einige spannende Kommunikationsprojekte.

2015 wurde die Agentur verkauft, seither berät Dietmar Ecker ausgewählte Kunden als Einzelunternehmer in Fragen der strategischen Kommunikation. Er bedauert, dass heute »eigenständiges Denken und kantige Persönlichkeiten immer weniger geschätzt werden. Wir sehen heute kaum mehr herausragende Persönlichkeiten mit Ideen fürs Unternehmen, fürs Produkt und mit gesamtgesellschaftlichem Blick.« In Kommunikationsfragen müssen die Spitzenkräfte der Wirtschaft heute ähnlich denken, wie es die Politik schon seit Jahrzehnten tun hätte sollen. Junge Menschen rät er für ihren Weg nach oben:»Lasst euch nicht total verbiegen, bleibt ihr selbst. Versucht eine Idee von dem zu bekommen, was ihr wollt, charakterlich für euer Leben, aber auch inhaltlich. Beschäftigt euch damit und sagt, was für die Gemeinschaft gut ist, was Sinn macht, was ist letztlich machbar. Prägt eine Meinung aus und dann geht rein!«

Dietmar Ecker hat es bis heute so gehalten, eine Meinung zu haben und reinzugehen, ohne sich zu verbiegen. Rechtzeitig loslassen zu können und dabei stets gut gelaunt, neugierig und offen zu bleiben, ist ihm ebenso gut gelungen.

55. Spielregeln für den Weg an die Spitze

■ Wir haben in unserem Leben immer eine Wahlmöglichkeit und damit die Chance, unhaltbare Zustände abzuwählen und uns für eine Alternative zu entscheiden.

■ Das bedeutet nicht, eine verantwortungsvolle Aufgabe leichtfertig hinzuwerfen, zu viele Menschen sind betroffen, zu wichtig ist eine ordentliche Übergabe.

■ Wir haben die Freiheit, ein Original und ein Typ zu sein, der sich wohltuend abhebt und prüft: Passen die herrschenden Bedingungen noch, wie lege ich meine Führungsaufgabe an und wann muss ich den Mund aufmachen?

■ Gönnen Sie sich stets das Privileg einer eigenen Meinung. Machen Sie Ihre Haltung sichtbar und leben Sie diese. Dann werden Sie in einem umfassenden Sinn Erfolg haben.

■ Zu Haltung gehören noch Mut, Zivilcourage und die Bereitschaft, dafür einzustehen. Das strahlt auf andere ab, macht Sie als Chefin oder Chef wirksam und attraktiv. Wenn dann noch Humor und Lachen dazu kommen, liegen Sie meistens richtig.

■ Den eigenen Weg selbstbewusst zu gehen ist schon auf dem Weg nach oben wichtig. Nicht jedes Angebot müssen Sie annehmen. Erst recht nicht, wenn Sie schon eine Spitzenposition erreicht haben.

■ Den eigenen Weg selbstbestimmt zu gehen heißt auch, für einen guten Abgang zu sorgen, wenn die Zeit reif ist und Sie diesen selbst noch beeinflussen können. Die letzten hundert Tage in einer Machtposition sind mindestens so wichtig wie die ersten hundert Tage nach dem Beginn. Nützen Sie auch diese Chance!

KAPITEL 10

In der ersten Reihe sind noch Plätze frei – nach vorne gehen

56. Keine Ausreden!

Ganz einfach ist es nicht, Machtmensch zu sein. Vieles ist zu beachten und manches abzuwägen. Wenn Sie Verantwortung übernehmen, wird Ihnen nichts geschenkt. Vom ersten Tag an sind Sie gefordert, werden beurteilt oder verurteilt. Alle Bedenkenträger unserer Zeit finden problemlos genug Argumente, die dagegen sprechen, sich zu engagieren. Im Grunde ist es ja doch irgendwie und zumindest ein bisschen unanständig, führend mitmischen zu wollen. Und wer will das schon sein und aus der Reihe tanzen?

Eine Ausrede lasse ich nicht gelten: Das Argument, dass Sie und ich sowieso keine Chance auf eine Führungsaufgabe haben, weil diese nur anderen offensteht. Nicht nur bei Veranstaltungen sind vorne noch Plätze frei.»Kommen Sie bitte nach vor, in der ersten Reihe sind noch Plätze frei!«, tönt die Moderatorin – meistens ohne Erfolg. Viel lieber platziert man sich einige Reihen weiter hinten, nimmt einen unbequemen Platz am Rand des Saals oder schart sich um die paar Stehtische hinten, dort, wo die Scheinwerfer und die Lichtspots nicht hinkommen.

Die da oben und die richtige Familie
Zu oft begnügen wir uns mit den hinteren Plätzen. Wir möchten dazu gehören, doch nicht so offensichtlich. »Gefällt mir« oder »Gefällt mir nicht« ist angenehmer und einfacher. Vor allem sind Sie sind nicht allein, die meisten anderen machen es ebenso. Jetzt nur noch darüber schimpfen, dass es sich »die da oben« ohnehin richten würden und unsereins sowieso nichts zu reden hätte. Ich habe sogar schon eine Abgeordnete zum Nationalrat über »die da oben« klagen gehört. Unter Österreichs mehr als acht Millionen Einwohnern gibt es gerade 183 Parlamentarier. Sich als Spitzenmandatarin über die da oben zu beschweren, fand ich echt stark.

Der Soziologe Michael Hartmann beschäftigt sich seit Jahrzehnten mit den Eliten in Europa und kommt zu ernüchternden Ergebnissen. Weder die Bildungsreformen der 1970er-Jahre, noch die Öffnung der Universitäten für Arbeiterkinder oder der Eintritt von Frauen in neue Berufsfelder hätten die Zusammensetzung der Eliten in unserer Gesellschaft wesentlich verändert. »Leistung lohnt sich« hält Hartmann für einen Mythos, wenn es um wirkliche Schlüsselpositionen geht. Wer in eine höhere Gesellschaftsschicht hineingeboren wird, fällt nur selten wieder hinaus. Wer in der richtigen Familie aufwächst, verinnerlicht schon mit der Muttermilch, worauf es in Machtpositionen ankommt. Er muss das nicht erst mühsam lernen, und die erforderlichen Netzwerke stehen von Geburt an zur Verfügung. Eigentlich haben Sie keine Chance, ganz nach oben zu gelangen, wenn Sie nicht von Kindheit an darauf vorbereitet wurden. Der Weg an die Spitze steht nicht allen offen, die »gläserne Decke« ist leider doch keine Erfindung der Pessimisten.

Ich halte die Forschungsarbeit Michael Hartmanns für seriös, viele Argumente sprechen für seine Schlussfolgerungen. Nicht alle erhalten die gleichen Chancen und das hat auch und noch immer mit einer Geburtsfamilie in der richtigen Gesellschaftsschicht zu tun. Diesen Umstand sollten wir kritisch im Auge behalten, wenn jemand allzu leichtfertig »Jeder ist seines Glückes Schmied!« in den Mund nimmt. Sich damit abzufinden, ist hingegen keine Intention dieses Buches. Ihnen wird sicher nichts geschenkt, Sie haben dennoch viel zu gewinnen.

Spannende Führungsaufgaben für spannende Menschen

Die Chance lebt, dass Sie es nach oben schaffen. Zu viel Dynamik herrscht in der Führungsetage der Unternehmen, die Spitze wechselt oft alle paar Jahre, dann kommt wieder Bewegung ins Spiel. In der Politik gehört Veränderung dazu – sei es durch Wahlen, Siege und Niederlagen, durch Verschiebung der Machtgewichte innerhalb der Parteien oder durch die Bedürfnisse der Mediengesellschaft. Ein ähnliches Bild finden wir an Universitäten, in anderen Bildungseinrichtungen, in der Forschung oder in Non-Profit-Organisationen mit ihren flachen Hierarchien: Engagierte Menschen sind als Verantwortungsträger gefragt.

Wenn Sie den einen oder anderen Gedanken dieses Buches beherzigen, wird Ihnen manche Tür offenstehen. Wenn Sie dazu eine klare Vorstellung haben, kommunikativ und selbstkritisch sind und mit Ihren Mitstreitern einen Beitrag in der Gesellschaft leisten wollen, besteht auch die Möglichkeit dazu. Die Umstände müssen passen, die Zeit sollte reif sein und Glück hat noch nie geschadet. Wir haben zu wenige Menschen mit Gestaltungswillen, zu wenig Leute, die Einfluss nehmen möchten und erst recht zu wenige, die das nicht nur können, sondern sich das auch zutrauen.

Kleine und große Gelegenheiten

Ich denke an eine harmlose Seminarsituation: Ein Rollenspiel steht an und die Trainerin bittet Freiwillige nach vorne. Die Blicke gehen zu Boden, Schweigen, alle warten ab. Das mache ich schon lange nicht mehr, ich investiere Zeit und Geld in meine persönliche Weiterentwicklung. Am meisten profitiere ich, wenn ich mitmache und viel exklusives Feedback erhalte.

Szenenwechsel: Ein Skandal hat einen Mann aus seiner Position gefegt. Die arrivierten Funktionäre übertragen die Beseitigung der Scherben diesmal einer Frau – keine dankbare Aufgabe, aber eine Chance, die nicht wiederkommt. Kennen Sie Fatma Samoura? Sie wurde 2016 erste Generalsekretärin der FIFA und damit die mächtigste Person im Weltfußballverband. Sie hat sich nicht abschrecken lassen, sondern Ja gesagt. Die Ausgangssituation ist wenig berauschend, gerade deshalb wünsche ich ihr viel Erfolg. Sie soll zeigen, was weibliche Machtmenschen draufhaben, wenn man sie nur lässt.

Ein gutes Beispiel sind öffentliche Reden – in der Firma, in der Familie oder im Verein. Eine kurze Rede, um jemanden zu ehren, auf Weihnachten einzustimmen oder einen Geburtstag zu begehen. Niemand will übernehmen, die meisten drücken sich vor der Macht der Worte. Schade, wenn Sie diese kleinen und großen Gelegenheiten verstreichen lassen. Besonders schade, dass Sie die Chance vergeben, sich ein Stück weiterzuentwickeln.

57. Noch einen Schritt nach vorne

Es geht es nicht nur um die erste Reihe, wichtig ist der nächste Schritt nach vorne: auf die Bühne, zum Mikrofon, zum Rednerpult und in die Führungsetage. Auch hier lasse ich keine Ausreden zu, außer die eine, dass Sie definitiv nicht wollen. Das ist zu respektieren, niemand wird gezwungen und niemand soll sich in einer Rolle quälen, die ihn unglücklich macht. Wenn Sie hingegen Lust und Energie haben, sich zu engagieren, dann tun Sie es bitte. Warten Sie nicht, bis jemand anderer übernimmt und ans Steuer geht. Vielleicht haben Sie die Wahl, einen neuen Chef zu bekommen oder selbst dieser Chef zu werden. In beiden Fällen müssen Sie nachher mit den Konsequenzen leben. Warten Sie nicht auf bessere Zeiten, wenn neue Aufgaben anstehen. Es nicht einmal versucht zu haben, könnten Sie später bereuen.

Positiv denken und handeln

Manche Gurus behaupten noch immer, dass positives Denken für sich genommen schon reicht, um ebenso positive Veränderungen zu bewirken. Wer es nicht schafft, nicht Karriere macht und reich wird, wem sogar Übles widerfährt, der hat nicht positiv genug gedacht und ist selbst schuld. Zur Stärkung könnten Sie wenigstens einen Zettel mit sich tragen:»Denk positiv du Idiot!« Ulrike Scheuermann hat erst kürzlich wieder aufgezeigt, dass positives Denken nicht nur nicht ans Ziel führt, sondern uns sogar krank und unglücklich machen kann.

Eine andere Strategie hören Sie beinahe ebenso oft:»Erfolg hat drei Buchstaben – T U N !« Nachgereicht wird das Zitat von Thomas Alva Edison:»Genie ist ein Prozent Inspiration und neunundneunzig Prozent Transpiration.« Er musste es wissen, nach tausend Versuchen hatte er endlich die Glühbirne erfunden. Positives Denken funktioniert, wenn Handeln, Mut und Ausdauer dazukommen. Der spätere französische Präsident François Mitterand ist dreimal ins Rennen gegangen, bevor er in den Elysee Palast einziehen und ein Politiker von Europaformat werden konnte. Angela Merkel hatte keinen bequemen Weg ins Kanzleramt und hält schon mehr als zehn Jahre durch. Top-Positionen in den Unternehmen erreichen Sie selten durch Anpassung und Abwarten. Im Schlafwagen hat es noch niemand an die Spitze geschafft.

Wollen Sie wirklich?

Meine Coaching-Kunden frage ich immer sehr konkret: »Wollen Sie wirklich gewinnen? Wie sieht Ihr persönlicher Einsatz aus? Und haben Sie schon eine Idee, was Sie als Erstes angehen, wenn Sie es schaffen?« Keine Ausreden und keine Illusionen, der Weg nach vorne ist nicht leicht. Halbherzig und mit einer Vollkasko-Mentalität werden Sie Ihre Ziele nicht erreichen. Eine Führungsaufgabe ist attraktiv, Sie haben genügend Konkurrentinnen und Mitwerber, die sich ohne Zaudern darauf einlassen. Kommen Sie heraus aus Lethargie und Resignation, wechseln Sie die Seite! Machen Sie einen Unterschied, heben Sie sich von anderen ab, ohne selbst abzuheben. Aber bitte nur dann, wenn Sie das wirklich wollen. Ein bisschen Führen geht nicht, ein bisschen Chefin sein und gleichzeitig ein bisschen Kollegin und Kumpel bleiben ebenso wenig. Die angenehmen Seiten zu genießen, ohne die negativen Auswirkungen anzunehmen, klappt nicht. An der Spitze gehört beides dazu, das macht doch den besonderen Reiz erst aus.

Jede Führungsaufgabe ist wertvoll

Eine Klarstellung ist mir wichtig: Ich schreibe hier von Spitzenfunktionen, von Top- und Schlüsselpositionen und davon, ganz vorne Einfluss zu nehmen. Selbst Verantwortung zu übernehmen und es besser zu machen, ist viel wertvoller für unsere Gesellschaft, als gegen »die da oben« anzuschimpfen. Trotzdem ist dieses Buch nicht nur für jene gedacht, die Bundeskanzler, CEO, Top-Manager oder Papst werden möchten. Mir geht es nicht nur um solche Personen, die tausend Leute zu führen haben. In meinem Berufsleben habe ich gelernt, wie schwierig auch kleine Teams zu führen sind. Schon öfter habe ich unterschätzt, wie viel Nachdenken, Strategiearbeit, Ausdauer und Kommunikation das erfordert. Es gibt einen großen Unterschied, ob Sie bloß informell Meinungsbildner sind, als Projektleiter arbeiten oder eine Organisation und ihre Menschen führen.

Schätzen Sie jede noch so kleine Führungsaufgabe und betrachten Sie diese als Schlüsselposition, für die Sie Verantwortung tragen. Ob Sie das Team einer Intensivstation im Krankenhaus leiten, ob Sie Chefin in einer Hotelrezeption sind oder einen kleinen Malereibetrieb schaukeln, spielt keine Rolle. Machtmenschen sind überall in der Hierarchie gefragt, es kann gar nicht genug von ihnen geben. Wählen Sie die Führungsaufgabe aus, in der es sich für Sie und vor allem für andere lohnt, von der ersten Reihe noch einen Schritt nach vorne zu gehen!

58. Die Brocken anpacken

Schon im ersten Kapitel habe ich gemeint, dass große Probleme nach Menschen verlangen, die sie lösen. Die Fragen der Gegenwart anzugehen, nach Lösungen zu suchen und darüber zu diskutieren und zu streiten, welcher Weg der beste ist, ist wunderschön. Wenn Sie dann auch noch ins Entscheiden, Handeln und Umsetzen kommen, setzt das viel Energie frei.

Ich lese von der Dynamik neuer Technologien und der Start-up-Unternehmen im Silicon Valley. Deren disruptive

Kraft zerstört ganze Branchen und zertrümmert jahrzehntelang erfolgreiche Geschäftsmodelle. Gleichzeitig entstehen einfache und innovative Lösungen, denen wir uns nur schwer entziehen können. Booking.com, Amazon, WhatsApp – zu vielseitig sind die Einsatzmöglichkeiten, als dass wir da konsequent »abstinent« bleiben wollen. Wie bequem es doch ist, per Handy-App einen Städteflug zu buchen, statt ins Reisebüro zu gehen oder auch nur den Standcomputer hochzufahren. Ein paar Fingerprints erledigen das viel flotter. Wie fein ist es, »Doktor Google« zu fragen, statt in einem Buch nachzuschlagen oder das eigene Gehirn zu benützen.

Dieselbe Energie besser einsetzen

Mein Sohn Thomas hat mich einmal gefragt, wie wir denn früher SMS geschrieben hätten, als es noch keine Handys gab. Wie haben wir Studentenproteste ohne Facebook organisiert? Wie haben wir ferne Länder bereist ohne Kreditkarte und Bewertungsportale? Manches hat offensichtlich recht gut funktioniert – eben anders als heute. Keine Sorge, jetzt kommt kein »früher war alles besser«. Zum Glück bin ich noch nicht so alt, obwohl ich mein erstes Mobiltelefon erst mit dreißig in Betrieb genommen habe. Ich genieße den technischen Fortschritt und seine Informations- und Kommunikationsmöglichkeiten. Ich habe keine Angst davor, bin kein Skeptiker und sehe das Abendland nicht untergehen.

Ich frage mich nur, wie viel Energie wir noch in »Disruption«, neue Technologien, bessere Handy-Apps, ins Lauter, Höher, Weiter und Schneller stecken. Was wäre, wenn wir nur ein Stück davon einsetzen, um die großen Brocken und die wirklichen Probleme unserer Zeit anzugehen? Wie wäre es, wenn die Leute, die heute um die Wette zwitschern, posten und »teilen«, sich stärker dafür engagieren? Könnten da nicht ähnliche Kräfte frei werden wie in den Brutstätten der technologischen Elite? Wir schafften das doch, der nächsten Generation diese Welt besser zurückzulassen, jedenfalls einen kleinen Teil davon! Ich träume ein bisschen. Die große Frage von Krieg und Frieden zugunsten des Friedens zu beantworten, wäre wunderschön. Ein Weg dorthin ist beim besten Willen nicht zu erkennen. Wir haben uns an den Wahnsinn gewöhnt, verwalten Kriege und Bürgerkriege und managen Hilfslieferungen, statt mit starken Partnern in einer gemeinsamen Kraftanstrengung für die Menschen einen Lichtblick aufzutun. Flüchtlingsquoten, Grenzzäune und verpflichtende Sprachkurse sind noch keine Lösung. Wir sollten aber irgendwann damit beginnen, step by step auch die großen Brocken anzugehen.

Zukunftsmacher und Themen, die mich antreiben

Engagement lohnt sich. Sie können sich das nicht vorstellen? Dann empfehle ich »Die Zukunftsmacher«: Die Autoren des Buches haben sich auf den Weg zu denen gemacht hat, die im Kleinen die Welt verändern. Sie haben »normale« Menschen gefunden, die vor Ort mit primitiven Mitteln Missstände beseitigen und damit Geld verdienen. Wenn ich an diese »Zukunftsmacher« denke, wirkt mein Beitrag sehr bescheiden. Trotzdem gibt es Themen, die mir keine Ruhe lassen und für die ich mich einsetze.

Ich sehe nicht ein, warum heute noch jemand verhungern muss, warum Kinder sogar außerhalb von Kriegsgebieten an Hunger sterben. Viele von uns sind übergewichtig und wir werfen Essen in den Müll. Es ist lächerlich, dass wir es mit allen technischen und logistischen Möglichkeiten nicht schaffen, einen Teil unseres Überflusses dorthin zu bringen, wo Mangel herrscht. Überbevölkerung, Wüstengebiete und ein nachteiliges Klima erschweren die Lösung. Trotzdem sollten wir diese Schande endlich beseitigen. Alles andere will nicht in meinen Kopf. Das ist auch meine Motivation, seit über zehn Jahren »Das Hunger Projekt« zu unterstützen.

Ich verstehe auch nicht, dass wir aus fünfzig Jahren Frauenbewegung so wenig gelernt haben. Wir schaffen es nicht, uns als Frauen und Männer mit Fairness, Respekt und Chancengleichheit zu begegnen. Dem stehen überkommene gesellschaftliche Strukturen entgegen, da spielen Religionen und ihre Interpreten eine üble Rolle. Warum leben wir nicht einmal in Europa auf Augenhöhe miteinander, führen Beziehungen, Partnerschaften und Ehen, die zwar mit Konflikten aber ohne Gewalt funktionieren? Welch starke Vorbilder könnten wir doch sein!

Manche Stammtischrunde empfindet es als völlig normal, einer Frau gegen ihren Willen auf den Po zu greifen oder ihr sonst körperlich nahezukommen. Wenn Sie dieses Verhalten als sexuelle Belästigung qualifizieren und dafür gesetzliche Sanktionen fordern, gelten Sie als humorlos und verklemmt. Dieselben Geister erklären heute männlichen Flüchtlingen, wie sie mit Frauen – mit »unseren« Frauen – umzugehen haben. Dieser Widerspruch scheint niemanden zu stören.

Unsere Fluglinien lagern ihre Callcenter nach Indien aus, viel Technik wird auf dem Subkontinent produziert. Wieso sagen wir unseren Partnern nicht, dass Vergewaltigung kein Kavaliersdelikt ist? Machen wir ihnen deutlich, dass es für die Täter zumindest harte Sanktionen geben muss! Kluge Frauen und Männer sollen sich darüber austauschen, wie wir im 21. Jahrhundert zu zeitgemäßen Formen des Zusammenlebens der Geschlechter kommen.

Mich regt auf, dass wir unsere Erde mit Dreck und Müll zuschütten und unsere Meere verseuchen. Die technischen Fortschritte schaffen keine Abhilfe, sondern verschärfen die Probleme auch noch. Wo sind die »Green Jobs«, Arbeitsplätze für Menschen, die im Dienst der Umwelt vernünftiges Geld verdienen? Mich ärgert das, obwohl ich nicht als Asket lebe und Auto fahre. Da gibt es zu viel Applaus für Donald Trump, wenn er den Klimawandel für einen Schwindel hält und zu einer Erfindung von Pessimisten erklärt. Warum sagen ihm hochgeschätzte Unternehmer nicht, dass er Schwachsinn redet? Sieht denn keiner zum Fenster hinaus, macht niemand Bergtouren, um die Veränderung unserer Gletscher zu sehen? »Bevor man eine Weltanschauung hat, soll man sich die Welt anschauen!«, wusste schon Alexander von Humboldt. Ich bin unverbesserlicher Optimist und glaube nicht an den Weltuntergang. Vorsichtshalber sollten wir rechtzeitig etwas dagegen tun!

Ihre Anliegen und Menschen, die Ihnen wichtig sind

Aber nicht meine Weltsicht ist gefragt, sondern Ihre Anliegen zählen. Was sind die Themen, die Sie antreiben, wo ist Ihr Ärger so groß, dass Sie ihn nicht mehr schlucken wollen? Welche Vision ist so motivierend und stark, dass Sie in einer Schlüsselrolle dafür arbeiten möchten? Es gibt vieles, wofür sich Ihr Einsatz lohnt. Diesen Einsatz zu leisten und dabei auch noch Führungsaufgaben zu übernehmen, kann sehr erfüllend sein und Ihrem Leben Sinn geben.

So wichtig unsere Themen sind, am Ende zählen die Menschen. Am Ende sollen konkrete und lebendige Menschen davon profitieren, dass Sie Verantwortung übernehmen. Sonst hätten Sie und ich das Thema verfehlt. Unser Engagement ist dann erst wertvoll und sinnvoll, wenn wir das Leben anderer zum Besseren wenden. Wenn Sie dafür auch noch Mitstreiterinnen und Mitstreiter gewinnen, dann macht es keinen großen Unterschied, ob Sie in der Politik, in der Wirtschaft oder woanders Verantwortung übernehmen. Da spielt es erst recht keine Rolle, wenn Sie andere Brocken angehen, als ich das tun würde.

59. Machtmensch zu sein zahlt sich aus

Bitte rümpfen Sie in Zukunft nicht mehr die Nase, wenn es um Macht geht. Selbst wenn Sie persönlich nicht an die Spitze streben, hat es viel mit Ihnen und Ihrem Leben zu tun, wer an den Schlüsselpositionen unserer Gesellschaft tätig ist. Gute Führung zahlt sich aus – für die Führenden und für jene, die von ihrem Handeln betroffen sind. Alles andere fördert ein gefährliches Vakuum. Wenn Sie sich nicht dafür interessieren, wie an den Schalthebeln von Demokratie und Wirtschaft entschieden wird, tun es andere. Wenn Sie sich vor Verantwortung drücken, rücken andere nach. Gehen wir davon aus, dass andere in Führungspositionen weder idealistischer noch menschlicher handeln, als Sie es tun würden.

Bruno Hartmann hat es auf den Punkt gebracht:»Digitale Zeiten brauchen analoge Führungskräfte.« Unsere Zeit erfordert Menschen, die sich die Verantwortung als Nummer Eins antun. Macht und Menschsein gehören zusammen. Was wäre denn menschliches Leben, ohne Einfluss zu nehmen und einen Beitrag zu einem größeren Ganzen zu leisten? Da fehlt doch etwas, wenn wir uns nur auf unsere eigenen Bedürfnisse konzentrieren und Themen, die darüber hinausgehen, von anderen bestimmt werden. Irgendwann stellt sich die Frage, ob Sie vieles passiv erdulden möchten oder ob Sie mitwirken wollen.

Menschliches Leben erhält durch Engagement erst eine Bedeutung über die Gegenwart hinaus. Da gehört Macht dazu – und die Personen, die sie ausüben wollen. In der Familie ist es uns wichtig, wie es unseren Kindern, unseren Partnerinnen und uns selbst geht. Wir überlassen das nicht dem Zufall. Wenn Politik und Wirtschaft Weichen stellen, die bis in unser Privatleben hineinwirken, sollten wir das ebenso wenig dem Zufall überlassen. Einfluss nehmen und gestalten hat für mich viel mit Menschsein zu tun.

Macht positiv geht nicht

Als ich dem Goldegg Verlag meine ersten Überlegungen für dieses Buch präsentierte, war meine Motivation klar: Ich will mit diesem Buch Menschen zu mehr Macht und Verantwortung motivieren. Die erste Reaktion war kritisch: »Positive Macht-Bücher« verkaufen sich nicht. Gut gemeint, liest aber keiner. Die kalte Dusche zum Einstieg hat mir geholfen, in keiner Phase des Schreibens die negativen Aspekte – die berühmte dunkle Seite der Macht – aus den Augen zu verlieren. Ein naiver und ausschließlich idealistischer Zugang ist fehl am Platz. Führen kann wehtun und tut oft weh – nicht nur den Geführten, sondern auch den Führenden selbst. Ein Realitätscheck, viel Feedback und das Bewusstsein über unsere Wahl- und Abwahlmöglichkeiten sind deshalb besonders wichtig. Der finsteren Seite stehen schöne Gestaltungsmöglichkeiten gegenüber, die unser Leben bereichern.

Wenn Sie in mancher Schlüsselposition Personen sehen, die ihrer Aufgabe nicht gewachsen sind, die keine Idee von der Zukunft haben und nicht über den Tag hinausdenken, wird es Zeit, das zu ändern. Der erste Schritt besteht darin, Menschen aus ihrer Passivität herauszuholen und einzuladen, selbst Verantwortung zu übernehmen. Ich habe Ihnen mit diesem Buch einige Denkanstöße zum Wie mitgegeben, damit Sie an die Spitze kommen und dort bestehen können. Das wird nicht immer und schon gar nicht automatisch funktionieren.

Ich bin dafür, Führungskräfte in Schlüsselpositionen kritisch zu beurteilen und im Umgang mit ihnen jede Art von Duckmäusertum und vorauseilendem Gehorsam zu vermeiden. Die Chefs von heute brauchen ehrliches Feedback und profitieren, wenn sich andere nicht alles gefallen lassen. Ihr Handeln hat zu große Auswirkungen und betrifft viel zu viele Menschen, die unter Fehlentscheidungen, Inkompetenz und arrogantem Gehabe leiden müssten. Ein strenger Maßstab ist angebracht und richtig.

Wie jemand als Mensch ist

Meine Mutter hat engagierte Menschen geschätzt, mir allerdings eines mitgegeben:»Wenn einer noch so bedeutend ist, zählt für mich mehr, wie er als Mensch ist. Ob er auf andere hinunterschaut oder ob er weiß, wo er herkommt und wie man sich benimmt.« Das habe ich nie vergessen, obwohl es dreißig Jahre her ist. Manchmal denke ich daran, wenn ich hochtrabende Pläne verfolge und wieder einmal zu sehr im Mittelpunkt stehen möchte. Wahrscheinlich verdanke ich es auch dieser Einstellung meiner Mutter, dass ich bis heute vor den Mächtigen zwar Respekt, aber keine Furcht empfinde.

Diese Medaille hat aber noch eine zweite Seite: Bringen wir Verantwortungsträgern zumindest ein gewisses Grundvertrauen entgegen, wenn sie sich bemühen, wenn sie engagiert sind und uns mit Empathie begegnen. Wenn etwas danebengeht, bitte nicht herablassend resümieren:»Er ist eben auch nur ein Mensch!« Zum Glück finden sich in Spitzenpositionen Menschen mit Fehlern, Ecken und Kanten, die nicht reibungslos»funktionieren«. Geben wir ihnen die verdiente Chance, erfolgreich und glaubwürdig zu handeln, ohne dass sie sich verbiegen müssen.

Macht zu übernehmen, soll attraktiv sein, um unser Zusammenleben in Politik, Wirtschaft und im Alltag ebenso attraktiv zu gestalten. Macht haben und Mensch bleiben gehört zusammen, bedingen einander. Geben Sie sich einen Ruck, werden Sie ein Machtmensch, wenn sich die Gelegenheit bietet. Machtmensch zu sein, zahlt sich aus.

60. Die neuen Vorbilder

Im ersten Kapitel habe ich auf Helmut Schmidt verwiesen und gemeint, dass die Suche nach Vorbildern schwierig ist, Menschen zu finden, die überzeugt haben oder das heute noch tun. An anderen Stellen des Buches habe ich Persönlichkeiten vorgestellt und zitiert, die mir wertvolle Einblicke vermittelt haben, wie sie zumindest teilweise erfolgreich sein konnten. Da habe ich viele Facetten kennengelernt, die für Machtmenschen wichtig sind. In diesem letzten Abschnitt verzichte ich darauf, Namen von Personen anzuführen. Nicht deshalb, weil es sie nicht gibt. Ich habe fast überall wunderbare Menschen kennengelernt, die verantwortungsvoll und positiv mit ihrer Macht umgegangen sind. Zum Glück gibt es viele von ihnen, wenn wir mit offenen Augen nach ihnen suchen. Manche sind offensiv, laut und gut sichtbar und hörbar, andere ruhig, bescheiden, konzentriert und unauffällig.

Das ermutigt mich und stimmt mich optimistisch, obwohl viele sich für Trump entschieden haben und obwohl in Frankreich 200 Jahre nach der Französischen Revolution zwar Emmanuel Macron zum Präsidenten gewählt wurde, aber eine Marine Le Pen so viel Zulauf hatte wie noch nie. Auch in Deutschland scheinen manche aus der Zeit der NS-Diktatur noch immer nichts gelernt zu haben. Nicht wenige wollen das Europa von heute kaputtmachen – nicht bloß besser machen. Ich bleibe zuversichtlich und es gibt Gründe dafür. Zu oft habe ich erlebt, wie viel Gutes möglich ist, wenn ein paar engagierte Menschen entschlossen nach vorn gehen und Verantwortung übernehmen. Ein kleines zielbewusstes Team kann ein großer Hebel für Veränderungen sein. Diese Menschen gibt es, wir brauchen nur noch mehr von ihnen!

Gute Wahlmöglichkeiten

Ich wurde im Jahr 1965 geboren, ging in den Siebzigern und Achtzigern zur Schule und an die Universität. Ich war offen und neugierig, lernte gerne und leicht und engagierte mich, wenn mich etwas begeisterte. Die größte Rolle spielten dabei nie Ideologien, Denkmodelle oder formal-hierarchische Funktionen, sondern die Menschen, mit denen ich zusammenarbeiten konnte. Dieser Austausch hat mich inspiriert und zu einem Mehr an Einsatz motiviert. Wenn du gut ausgebildet warst und dich für die Welt draußen interessiert hast, stand dir diese Welt mit vielen Chancen offen. Meine Generation war da sicher im Vorteil, vielleicht sogar privilegiert. Von der Matura, vom Abitur weg hatten wir so viele Angebote und Wahlmöglichkeiten. Manchmal habe ich spontan und übermütig zugegriffen und vom ersten Tag an 120 Prozent Einsatz gegeben, andere Male lehnte ich dankend ab. Fast immer durfte ich mit interessanten Menschen arbeiten, mich und sie persönlich weiterentwickeln und dabei Erfolg und Spaß zugleich haben. Ich konnte Dinge angehen, die mir Freude machten, mir wurde Verantwortung zugetraut und übertragen. Ich konnte zeigen, was in mir steckt und dass auf mich Verlass ist. Dafür bin ich sehr dankbar.

Ich bin mir nicht sicher, ob auch meine Söhne so viele Wahlmöglichkeiten haben werden. Meine Sorge ist, dass Stefan und Thomas, ihre Töchter, Söhne und Enkel in Zukunft nicht mehr gleiche Chancen vorfinden, wie ich sie hatte. Die Leichtigkeit und die Unbekümmertheit, selbstbewusst aus mehreren Alternativen wählen zu können, unhaltbare Zustände wieder abzuwählen oder zu verändern, scheint mir heute verlorengegangen zu sein. Wenn ich meinen »Kindern« sonst nichts mitgeben könnte, dann würde ich ihnen sagen, dass sie sich auch unter schwierigeren Bedingungen diese Leichtigkeit, Souveränität und die innere Freiheit bewahren sollen. Dann werden sie selbstbewusst ihren Weg wählen!

Nicht nur ich hatte gute Wahlmöglichkeiten, Sie haben Sie ebenso und können jetzt und in Zukunft Führungspositionen übernehmen, wenn Sie das wirklich wollen und ein paar Anregungen aus diesem Buch für Ihren Weg an die Spitze mitnehmen. Sie können in die erste Reihe gehen und dann noch ein paar Schritte weiter auf die Bühne der Macht. Aus einer Schlüsselposition heraus entstehen wieder neue Gestaltungsmöglichkeiten und die Chance, Einfluss zu nehmen, statt fremdbestimmt zu sein. Die Gelegenheiten, sich zu engagieren, werden nicht ausbleiben und ausgehen, zu vieles gibt es zu tun für Menschen, die Anliegen anderer zu ihrem Ziel machen und die Fähigkeit haben, Partner und Mitstreiterinnen zu gewinnen. Mit Courage und dem Bewusstsein Ihrer Wahlmöglichkeiten wird es gelingen, eine Machtposition zu erreichen und mit Freude auszufüllen.

Seien Sie Teil der Zukunft!

Ich habe von Vorbildern gesprochen. Es geht um Menschen, die Teil der Zukunft sein wollen und andere begeistern. Mit einer großen Kraftanstrengung sollte es den richtigen Persönlichkeiten gelingen, die Vertrauenskrise zu überwinden und den Spalt in unserer Gesellschaft kleiner zu machen. Dazu gehören das Wollen und der Mut, die Probleme unserer Zeit anzugehen und dafür Lösungen zu finden und umzusetzen.

Jetzt fehlt dazu nur noch ein kleiner Schritt: Sie müssen nicht auf andere warten oder nach Vorbildern suchen. Sie haben die Chance, selbst ein solches Vorbild zu werden. Ich freue mich heute schon, von Ihnen zu hören oder zu lesen, wenn wieder einmal ein Buch über spannende Machtmenschen geschrieben wird, über Persönlichkeiten, die erfolgreich und glaubwürdig Einfluss nehmen und dabei Mensch geblieben sind.

Dafür wünsche ich Ihnen alles Gute!

ANHANG

Danke

Ein Buch ist mehr als einsames Schreiben des Autors. Wenn ich nun die Füllfeder weglege und am Computer die letzte Zeile korrigiert ist, wird mir erst in vollem Umfang bewusst, wie viele Menschen dazu beigetragen haben.

Als Erstes denke ich an meine viel zu früh verstorbenen Eltern – an meine Mutti, die mir Humor und Neugierde weitergegeben hat, an meinen Papa, der das Interesse an Politik geweckt hat und ebenfalls Vorbild darin war, ernste Dinge von ihrer heiteren Seite zu betrachten.

Meine ehemaligen Chefs haben mir schon in jungen Jahren Führungsaufgaben zugetraut und Verantwortung übertragen. Sie haben mein Temperament und meine direkte Art akzeptiert und geschätzt, auch wenn ich manchmal die Grenze zur Taktlosigkeit überschritten habe. Das gilt auch für meine Mitarbeiterinnen und Mitarbeiter. Von ihnen weiß ich, dass Führen auf Augenhöhe möglich ist und Menschliches nicht zu kurz kommen muss.

Harald Repar und Michael Ausserwinkler holten mich ins Renner-Institut, in dieser schönen Tätigkeit durfte ich erstmals hauptberuflich mit Politikerinnen und Politikern in der Ausbildung arbeiten. Gaby Schaunig engagierte mich in ihrem Regierungsbüro, wo ich Druck und Tempo kennengelernt habe und trotzdem viel gelacht wurde. Von Karl Nessmann erfuhr ich fast alles über Öffentlichkeitsarbeit. Bei Ulrich Dehner absolvierte ich eine internationale Coaching-Ausbildung. Noni Höfner hat mich gelehrt, mit Humor und Provokation Menschen zu beraten, zu berühren und zu Veränderungen anzuregen.

In 17 Jahren als Redner, Medientrainer und Coach habe

ich unglaublich viel von meinen Kundinnen und Kunden gelernt. Mich und sie weiterzuentwickeln empfinde ich bis heute als großes Privileg.

Viele und lange Gespräche mit meinen Freunden Michael Mooslechner, Achill Rumpold und mit Björn Engholm haben in all den Jahren meinen Zugang zu Macht geformt und bereichert. Peter Kaiser hat manche kritische Diskussion mit mir geführt. Heute ist er Landeshauptmann und auch nach schönen Erfolgen als Mensch am Boden und für mich zugänglich geblieben. Die Gespräche mit Astrid Zimmermann, Andrea Bergmann und Antonia Gössinger haben mein Interesse für die Welt der Medien und vor allem für die Menschen hinter dem Mikrofon beflügelt.

Viel Unterstützung erfahre ich bis heute aus der German Speakers Association. Margit Hertlein rief ein hochkarätiges Mentoringprogramm ins Leben. Sylvia Löhken begleitete mich als vielseitige Mentorin. Unsere Mastermind-Gruppe mit Bruno Hartmann, Patricia Küll und Birgit Schürmann hat meine Arbeit am Buch aufmunternd kommentiert.

Ulrike Scheuermann hat mich nicht nur als Coach zu diesem Buch angeregt, sondern mir mit hohem Fachwissen und Einfühlungsvermögen bis zur letzten Zeile geholfen, meine »Schreibstimme« zu finden und herauszuarbeiten, worum es mir geht. Die Coachings bei Claudia Haider, Uta Kenda, Astrid Malle und Jutta Menschik-Bendele waren eine wichtige zusätzliche »Stärkung«.

Ich bedanke mich bei allen »Machtmenschen«, die mir als Gesprächspartner für das Buch zur Verfügung gestanden sind. Diesen Frauen und Männern widme ich eine eigene Seite. Gerald Passegger und Robert Benedikt haben die vielen Interviews professionell redigiert. Mein Kameramann Thomas Koppler musste an manchen Tagen vier Interviews an verschiedenen Drehorten filmen und nachher noch den Videoschnitt vornehmen. Birgit Morelli sorgt stets für die sympathische Anmoderation. Andy Stingl kümmert sich um die Begleitung und Verbreitung via Social Media. Tina Tomasch achtet seit Jahren auf zeitgemäße Texte und ein professionelles grafisches Erscheinungsbild meiner Aktivitäten.

Dass aus den ersten Sätzen und aus stundenlangen Diktaten am Ende fehlerfreie Texte geworden sind, verdanke ich der unermüdlichen Unterstützung von Brigitte Waldner, die stets motiviert auf »neues Material« gedrängt hat. Martina Stückler hat gemeinsam mit Ulrike Scheuermann bis zum Schluss geholfen, an meinen Formulierungen zu feilen und auf gutes Deutsch zu achten. Schließlich wollte ich dem engagierten Team des Goldegg Verlages, Verena Minoggio-Weixlbaumer und Elmar Weixlbaumer, für Lektorat und Marketing die bestmögliche Grundlage liefern. Es ist schön, diesen Verlag als Partner zu haben.

Selbstverständlich musste auch meine Familie mit Hand anlegen. Thomas hörte sich den Vortrag zum Buch aufmerksam an und hat zur Gliederung sein Feedback gegeben. Stefan hat den ganzen Text durchgearbeitet und mich im heißen Finale nochmals richtig gefordert. Ich bin sehr stolz auf meine beiden Söhne – ganz objektiv!

Mein größter Dank gilt meiner Frau Margit, seit fast 27 Jahren der wichtigste Mensch in meinem Leben. Sie begleitet mich liebevoll durch persönliche Höhen und Tiefen und ist meine Stütze für alles, was ich angehe und erlebe. In meiner Karriere hat sie sehr viel Geduld und Verständnis aufbringen und zu oft auf gemeinsame Zeit verzichten müssen. Sie ist kritisch, wenn Übermut und Euphorie mit mir durchgehen, sie ermuntert mich, wenn ich einmal verzagt bin. Bei meiner intensiven Arbeit am Buch war sie erst recht wieder gefordert und hat mich großartig unterstützt. Den Rohtext bekam sie als Einzige zu Gesicht, nach dem Lesen übermittelte sie mir ihre ersten Rückmeldungen so behutsam, dass ich trotz manchem Hinweis motiviert weiterschreiben konnte. Margit, danke für deine Liebe, danke für so vieles andere!

Machtmenschen im Gespräch

Zahlreiche Persönlichkeiten aus Politik, Wirtschaft und Medien konnte ich für dieses Buch als Gesprächspartner gewinnen. Sie haben mir wertvolle Einblicke über ihre Erfahrungen auf dem Weg an die Spitze gegeben und dieses Buch durch viele praktische Beispiele bereichert.

Peter Ambrozy, Landeshauptmann a. D., Präsident des Roten Kreuzes Kärnten

Michael Ausserwinkler, Gesundheitsminister a. D., Arzt

Karl Blecha, Innenminister a. D., Präsident des Österreichischen Seniorenrates

Dietmar Ecker, Experte für strategische Kommunikation

Björn Engholm, Bildungsminister a. D., Ministerpräsident und SPD-Vorsitzender a. D.

Franz Fischler, ehemaliger Landwirtschaftsminister und EU-Kommissar, Präsident des Europäischen Forums Alpbach

Antonia Gössinger, Chefredakteurin der Kleinen Zeitung Kärnten

Peter Kaiser, Landeshauptmann von Kärnten

Christian Kern, ehemaliger CEO der ÖBB, heute österreichischer Bundeskanzler

Andreas Khol, ehemaliger Klubobmann und Präsident des Österreichischen Nationalrates a. D.

Monika Kircher, ehemalige Vorstandsvorsitzende von Infineon Technologies Austria

Franz Küberl, langjähriger Präsident der Caritas Österreich a. D. und ehemaliger Direktor der Caritas Steiermark

Ferdinand Lacina, Finanzminister a. D.

Helmut Manzenreiter, langjähriger Bürgermeister der Stadt Villach a. D.

Hubert Patterer, Chefredakteur der Kleinen Zeitung

Achill Rumpold, Landesrat a. D. in Kärnten

Gaby Schaunig, Landeshauptmann-Stellvertreterin in Kärnten

Margit Schmidt, Generalsekretärin des Bruno Kreisky-Forums für den internationalen Dialog a. D.

Franz Vranitzky, Bundeskanzler a. D.

Christof Zernatto, Landeshauptmann a. D.

Astrid Zimmermann, Generalsekretärin Presseclub Concordia, Wien

Die Interviews mit den genannten Persönlichkeiten werden Monat für Monat im Internet veröffentlicht:

www.machtmenschen.com
www.machtmensch.at

Facebook, Twitter, Google+ und YouTube

Die Gesprächsreihe wird auch nach Erscheinen dieses Buches fortgesetzt.

Macht.
Menschen.

Gespräche mit Persönlichkeiten aus
Politik, Wirtschaft und Medien

Der Autor

Dr. Heinz Ortner, MBA, Jahr-
gang 1965, ist ausgebildeter Jurist und Direktor der Kärntner
Verwaltungsakademie. Der Autor
hat Macht, Einfluss und Wirkung
von Verantwortungsträgern aus
nächster Nähe erlebt. Er war fünf
Jahre Kabinettschef eines österreichischen Regierungsmitglieds in
der Landesregierung und arbeitete
in weiteren Führungspositionen im öffentlichen Dienst.

Er schöpft aus seiner Erfahrung aus 20 Jahren Politikberatung, als Ausbildner von Politikern und Coach von Persönlichkeiten in Schlüsselpositionen. Er ist Redner und Medientrainer. Sein unkonventionelles, bodenständiges und
stets mit Humor und Wertschätzung vermitteltes Feedback
ist bei Politikern, Journalisten und Managern gleichermaßen gefragt.

Mit seiner Familie lebt er in Klagenfurt am Wörthersee.

Als Partner der Politik wünscht er sich möglichst viele
glaubwürdige Persönlichkeiten in Schlüsselpositionen – eben
Machtmenschen im Sinne dieses Buches.

Der Vortrag zum Buch:
Macht haben. Mensch bleiben. Spielregeln für den Weg an
die Spitze

Mehr unter *www.heinz-ortner.com* oder *www.macht-
mensch.at*

Profile auf Xing, Facebook, Google +, LinkedIn und You-
Tube

Literatur

Bücher und Sammelwerke

Arnold, Rolf: Führen mit Gefühl. Gabler Verlag, Wiesbaden 2011

Asgodom, Sabine: Eigenlob stimmt. Econ Verlag, München 2003

Bauer-Jelinek, Christine: Die helle und die dunkle Seite der Macht. Ecowin Verlag, Salzburg 2009

Bentele, Günter, Fröhlich, Romy, Szyszka, Peter (Hrsg.): Handbuch der Public Relations. Springer VS, Wiesbaden 2015

Clinton, Bill: Mein Leben. Econ Verlag, München 2004

Covey, Stephen R.: Die 7 Wege zur Effektivität. Gabal Verlag, Offenbach 2005, 2014

Deekeling, Egbert, Arndt, Olaf: CEO-Kommunikation. Campus Verlag, Frankfurt am Main 2006

Dehner, Ulrich und Renate: Als Chef akzeptiert. Campus Verlag, Frankfurt am Main 2001

Echter, Dorothee: Führung braucht Rituale. Verlag Vahlen, München 2012

Elias, Gabriela: Melina Mercouri. Edition S, Wien 1995

Engholm, Björn: Vom öffentlichen Gebrauch der Vernunft. Claassen Verlag, Düsseldorf 1990

Erhardt, Ute: Gute Mädchen kommen in den Himmel, böse überall hin. Fischer Taschenbuch, Frankfurt am Main 2000

Fischer, Michael: Erfolg hat, wer Regeln bricht. Linde Verlag, Wien 2014

Friedrich, Gerhard, Ditz Katharina: Wer nicht auffällt, fällt durch. Deuticke Verlag, Wien 1997

Hartmann, Bruno: Drahtseilakt Unternehmenswandel. Springer Gabler, Wiesbaden 2017

Hartmann, Michael: Eliten und Macht in Europa. Campus Verlag, Frankfurt am Main 2007

Höfner, E. Noni: Glauben Sie ja nicht, wer Sie sind! Carl Auer Verlag, Heidelberg, 2011, 2016

Isaacson, Walter: Steve Jobs. C. Bertelsmann Verlag, München 2011
Keese, Christoph: Silicon Valley. Knaus Verlag, München 2014
Kissinger, Henry A.: Memoiren. C. Bertelsmann Verlag, München 1979
Knaths, Marion: Spiele mit der Macht. Piper Verlag, München 2009, 2014
Kreisky, Bruno: Zwischen den Zeiten. Siedler Verlag, Berlin 1986
Kreisky, Bruno: Der Mensch im Mittelpunkt. Verlag Kremayr & Scheriau, Wien 1996
Löhken, Sylvia: Leise Menschen – starke Wirkung. Gabal Verlag, Offenbach 2012
Malik, Fredmund: Führen. Leisten. Leben. Campus Verlag, Frankfurt am Main 2006, 2012
Michal, Wolfgang: Die SPD – staatstreu und jugendfrei. Rowolt Verlag, Reinbeck bei Hamburg 1988
Nessmann, Karl: Personality-Kommunikation: Die Führungskraft als Imageträger. In: Piwinger, M./Zerfaß, A. (Hrsg.): Handbuch Unternehmenskommunikation. Gabler Verlag, Wiesbaden 2007
Ortner, Heinz: Coaching für Politikerinnen und Politiker. In: Dehner, Ulrich (Hrsg.): Erfolgsfaktor Coaching. Murman Verlag, Hamburg 2004
Portisch, Hugo: Aufregend war es immer. Ecowin Verlag, Wals 2015
Precht, Richard David: Wer bin ich – und wenn ja wie viele? Goldmann Verlag, München 2007
Ramelsberger, Elisabeth, Rossié, Michael: Medientraining kompakt. Gabal Verlag, Offenbach 2011
Scheuermann, Ulrike: Wenn morgen mein letzter Tag wär. Knaur Verlag, München 2013
Scheuermann, Ulrike: Innerlich frei. Knaur Verlag, München 2016
Schmidt, Helmut: Was ich noch sagen wollte. Verlag C.H. Beck, München 2015

Schneider, Wolf: Deutsch für Profis. Goldmann Verlag, München 1984, 2001

Schröck, Rudolf: Willy Brandt. Wilhelm Heyne Verlag, München 1991

Schüller, Anne M.: Touchpoints. Gabal Verlag, Offenbach 2012

Schwarzer, Alice: Die Antwort. Verlag Kiepenheuer & Witsch, Köln 2007

Seiwert, Lothar: Noch mehr Zeit für das Wesentliche. Goldmann Verlag, München 2009

Sinek, Simon: Start with Why. Penguin Verlag, New York 2009

Sprenger, Reinhard K.: Mythos Motivation. Campus Verlag, Frankfurt am Main 1999, 2014

Stefanska, Joanna, Hafenmayer, Wolfgang: Die Zukunftsmacher. Oekom Verlag, München 2007

Strelecky, John: The Big Five for Live. Deutscher Taschenbuch Verlag, München 2009, 2015

Thiele, Albert: Wie Manager überzeugen. Frankfurter Allgemeine Buch im F.A.Z.-Institut, Frankfurt am Main 2005

Vranitzky, Franz: Politische Erinnerungen. Paul Zsolnay Verlag, Wien 2004

Wagner, Stefan: Das Ende der Blender. Goldegg Verlag, Wien 2014

Watzlawick, Paul, Beavin, Janet H., Jackson, Don D.: Menschliche Kommunikation. Hogrefe Verlag, Bern 1969, 2017

Wawschinek, Georg: Charisma fällt nicht vom Himmel. Goldegg Verlag, Wien 2015

Wulff, Christian: Ganz oben ganz unten. Verlage Herder, Freiburg im Breisgau 2015

Online Quellen

(Letzter Zugriff am 30. 6. 2017)

Half, Robert (2017): Führungskräfte sind die glücklichsten Mitarbeiter
https://www.pressetext.com/news/20170403026

Informationen über »Das Hunger Projekt«
https://das-hunger-projekt.de/

Pinnow, Daniel F. (2008): Führung beim Wort nehmen. Wie kommunizieren deutsche Manager?
https://akademie-web.s3.amazonaws.com/akademie/studien/Akademie-Studie-2008.pdf. (Studie)

Wirtschaftslexikon Gabler (2017): Definition Glaubwürdigkeit:
http://wirtschaftslexikon.gabler.de/Definition/glaubwuerdigkeit.html

Verzeichnis der Personen